PRÉCIS

DES

ŒUVRES MATHÉMATIQUES

DE P. FERMAT

ET DE L'ARITHMÉTIQUE DE DIOPHANTE.

PRÉCIS

DES

ŒUVRES MATHÉMATIQUES

DE P. FERMAT

ET DE L'ARITHMÉTIQUE DE DIOPHANTE ;

PAR E. BRASSINNE,

PROFESSEUR A L'ÉCOLE IMPÉRIALE D'ARTILLERIE DE TOULOUSE, DE L'ACADÉMIE DES SCIENCES DE CETTE VILLE.

« On peut regarder Fermat comme le premier
» inventeur des nouveaux calculs. »

LAGRANGE, *Calcul des fonctions*, leçon 18me.

« Fermat cultiva avec un grand succès la science
» des nombres, et s'y fraya des routes nouvelles. »

LEGENDRE, *Théorie des nombres*, préface.

TOULOUSE,

IMPRIMERIE DE JEAN-MATTHIEU DOULADOURE,
RUE SAINT-ROME, N° 41.

1853.

Extrait des Mémoires de l'Académie des Sciences de Toulouse.

PRÉCIS

DES

ŒUVRES MATHÉMATIQUES

DE PIERRE FERMAT,

ET

DE L'ARITHMÉTIQUE DE DIOPHANTE;

Par M. E. BRASSINNE.

INTRODUCTION.

PIERRE FERMAT est considéré par les premiers géomètres de notre époque, comme l'inventeur du calcul infinitésimal, et comme le fondateur de la théorie des nombres. Ses découvertes géométriques et ses théorèmes arithmétiques, qui sont encore aujourd'hui un sujet de recherches et de méditations pour les savants, sont développés ou énoncés dans le Recueil de ses Mémoires, publiés il y a près de deux siècles (en 1679), et dont on trouve quelques rares exemplaires dans les principales bibliothèques. Une nouvelle édition de ces précieux fragments était devenue depuis longtemps nécessaire; le Gouvernement, convaincu de son utilité, présenta, en 1843 (1er et 19 juillet), aux Chambres législatives, un projet de loi dans lequel un crédit de 15,000 francs était demandé pour la réimpression, aux frais de l'État, des œuvres complètes de P. Fermat. Le projet de loi fut voté sans discussion à une grande majorité; malheureusement des circonstances et des difficultés que nous ne connaissons pas, empêchèrent l'effet de ce vote, et la réimpression n'eut pas lieu.

Peut-être la Commission chargée de préparer la nouvelle édition a-t-elle hésité, après avoir examiné le texte original, à faire réimprimer des fragments écrits en latin, sous une forme abandonnée, et avec des notations incommodes qui en rendent l'étude pénible et difficile. Les démonstrations les plus simples paraissent, souvent, obscures et compliquées pour le lecteur qui n'a pas la patience de traduire dans la langue algébrique moderne, des calculs et des formules exprimés d'une manière prolixe et embarrassée. L'attention et la persévérance diminuent, sans les faire disparaître, les obstacles qui naissent sans cesse de l'emploi de signes dont l'usage est entièrement perdu.

Il est d'ailleurs impossible d'acquérir une idée exacte des travaux et des découvertes de Fermat, par les extraits ou les citations incomplètes de ses œuvres, qu'on trouve dans les ouvrages d'analyse les plus estimés. Montucla, dans son Histoire des mathématiques, indique succinctement les principales questions que ce grand géomètre proposait aux savants de son époque; mais il ne fait remarquer ni comprendre l'originalité ni la fécondité des nouvelles méthodes qu'il avait créés. L'abbé Genty, dans un ouvrage couronné par l'Académie de Toulouse, et qui a pour titre : *Influence de Fermat sur son siècle* (1784), a bien apprécié les services qu'il a rendus à l'analyse moderne, et le cachet particulier de son génie; mais la forme d'un éloge académique, qu'il a choisie, se prêtait plutôt aux détails de l'histoire contemporaine qu'aux développements algébriques, qui sont consignés dans quelques notes trop rares et trop courtes : aussi cet estimable travail nous paraît-il plus intéressant pour les biographes que pour les géomètres.

Ces considérations, que nous ne faisons qu'indiquer, mais que nous avons mûrement pesées, nous ont laissé la conviction que la seule forme à adopter, pour la reproduction des ouvrages de Fermat, était celle du Précis français, que nous avons essayé de rédiger, en nous appliquant à n'altérer ni à n'omettre aucune des idées ou des démonstrations de l'inventeur, et en profitant pour notre exposition des avantages de l'écriture algébrique moderne. Par ce moyen, nous espérons avoir rendu aisément intelligibles des propositions dont l'élégance et la finesse sont obscurcies par des notations sans simplicité. Nous avons pensé qu'il suffisait, pour conserver la tradition historique, de transcrire quelques exemples de l'écriture algébrique ancienne, aussi imparfaite pour exprimer les énoncés, qu'incommode pour le développement des déductions et des calculs.

La première partie de ce Précis présente un résumé complet des Mémoires renfermés dans les *Opera varia*, publiés à Toulouse en 1679 par Samuel Fermat, fils de l'auteur. Nous les avons classés dans l'ordre qui nous a paru faire le mieux ressortir leur importance scientifique et historique. Le premier Mémoire, sous le titre d'*Introduction aux lieux plans*, est un traité concis de géométrie analytique, comprenant la théorie de la ligne droite et des courbes du second degré. La date de ce fragment n'est pas parfaitement connue, et il n'est pas certain qu'il soit antérieur à la Géométrie de Descartes, publiée pour la première fois à Leyde en 1637; mais les nombreuses lettres de Fermat prouvent avec évidence qu'en 1636 il était en possession de toutes ses méthodes analytiques. De sorte que s'il n'est pas absolument prouvé qu'il ait imaginé, avant Descartes, l'art de représenter les lignes courbes par les équations indéterminées (comme le pensent quelques biographes), il est au moins évident qu'il a autant de droits que son rival à cette admirable invention. Ce traité des *Lieux* que nous avons abrégé, parce qu'aujourd'hui il est surtout intéressant au point de vue historique, est suivi de deux fragments d'algèbre, qui renferment une première ébauche de la théorie de l'élimination, pour les équations de degrés quelconques, et comme conséquence, le procédé actuellement employé pour faire disparaître des équations algébriques les expressions irrationnelles.

Les deux Mémoires sur la théorie des *maximis* et des *tangentes*, et sur les *quadratures*, nous paraissent constituer la partie la plus importante des *Opera varia*. Écrits avant la géométrie de Cavalieri (publiée à Bologne en 1653), et avant la publication de la Méthode des tangentes de Wallis et de Sluze ; ils établissent les droits incontestables de Fermat à l'invention du calcul différentiel et du calcul intégral. Dans le Traité des *maximis* et des tangentes, l'illustre géomètre ajoute à l'abcisse une indéterminée *e* infiniment petite, et dans le résultat de ses calculs, il ne conserve que l'infiniment petit du premier ordre, auprès duquel il néglige les infiniment petits des ordres supérieurs. Il applique ensuite avec une rare élégance sa méthode aux questions les plus difficiles, telles que la détermination de la tangente à la cycloïde, la recherche du centre de gravité du paraboloïde, des points d'inflexion, etc... « Les contemporains de Fermat ne saisirent pas l'esprit de ce nouveau » genre de calcul ; ils ne le regardèrent que comme un artifice » particulier, applicable seulement à quelques cas... (Lagrange, » *Calcul des fonctions*). » Descartes lui-même, qui n'avait pas d'abord admis la rigueur de la méthode des tangentes, convenait, après une longue polémique, que cette méthode était exacte, mais peu ingénieuse (1).

Lagrange et Laplace font remonter à la méthode des maximis et des tangentes, l'origine du calcul infinitésimal ; mais ces deux illustres savants ne citent pas le traité des quadratures, qui complète l'analyse différentielle de Fermat, et qu'on peut considérer comme le premier traité de calcul intégral qui ait été écrit. En plaçant dans leur ordre naturel ces deux admirables compositions, on voit que ce grand géomètre n'avait pas seulement posé les premiers principes de la science nouvelle,

---

(1) Descartes mêlait l'aigreur à sa polémique. Il appelait, dans une de ses lettres, Fermat, le Conseiller des Minimis ; son Maximis, dit-il, me venant en forme de cartel.

mais qu'il l'avait développée et appliquée avec autant de sagacité que de profondeur à des questions géométriques, dont la difficulté étonnait ses contemporains ; et on ne peut pas s'empêcher d'admettre que ses découvertes, connues de tous les savants de son siècle, et discutées par Descartes, n'aient servi de point de départ aux recherches de Leibnitz et des Bernouilli, auxquels il a souvent suffi de traduire, dans l'algorithme différentiel, des questions complètement résolues depuis longtemps. Si on examine, en effet, avec attention le Mémoire sur les quadratures, on voit que le premier problème que Fermat résout, pour carrer les hyperboles et les paraboles de tous les degrés, renferme une méthode complète pour l'intégration des monomes à exposants entiers, fractionnaires, positifs ou négatifs. Le procédé qu'il emploie dans deux cas particuliers, s'applique, comme il le remarque, à des exposants quelconques.

Dans le second de ces exemples, il détermine la quadrature d'un segment d'une parabole, définie par cette propriété, que son ordonnée soit en rapport constant avec la racine cubique du carré de l'abcisse. La considération d'une progression géométrique, dont les termes croissant d'une manière insensible, peuvent être identifiés, au second ordre près, à ceux d'une progression arithmétique, lui donne un moyen aussi élégant que subtil pour surmonter la difficulté qui provient de la racine ou de l'exposant fractionnaire. Après ce premier pas important dans la théorie de l'intégration, Fermat, par des transformations ingénieuses des courbes qu'il veut carrer, intègre par le moyen des arcs de cercle une fraction rationnelle qui a pour dénominateur un binôme du second degré ; il ramène aussi à la quadrature du cercle les racines carrées des fonctions entières du second degré, lorsque ces racines sont multipliées par des fonctions rationnelles de la variable ; et pour la solution de cette question difficile, il invente la méthode aujourd'hui en usage, et connue sous le nom d'intégration par parties. Nous indiquons à peine les points principaux de deux traités aussi concis que substantiels qui décident, d'une manière irréfragable, la question longtemps controversée, de l'invention de l'analyse infinitésimale.

Plus de cinq ans après leur publication, Leibnitz fit paraître, en 1684, dans les actes de Leipsick, son mémoire sur le calcul différentiel (sous le même titre que le premier mémoire de Fermat, *Methodus pro maximis*, Leibnitz, comme son prédécesseur, compare l'accroissement de l'abcisse à la sous-tangente), dans lequel se trouve l'admirable notation qui a rendu lucide et générale la première découverte, et qui a conduit à la formation des équations différentielles; mais ces développements et ces progrès rapides de la nouvelle science sont la preuve évidente de la fécondité de la méthode de Fermat, et ils n'infirment en rien ses droits de priorité comme inventeur, qu'il nous paraît aussi impossible de lui contester, que de refuser à Kepler la gloire d'avoir trouvé le premier les lois fondamentales de l'astronomie, sous le prétexte qu'elles sont aujourd'hui déduites des principes de la dynamique.

Nous terminons le précis des *Opera varia*, par un résumé succinct des mémoires sur les contacts sphériques, sur les porismes d'Euclide, et sur les livres d'Apollonius.

La seconde partie de notre précis présentait des difficultés particulières, que nous n'avons pu éviter qu'en reproduisant avec concision les six livres complets de l'Arithmétique de Diophante. Sans ce travail préliminaire, le lecteur n'aurait pu saisir ni le sens ni la portée des notes trop peu développées de Fermat, que nous avons traduites avec soin, et qui seront encore longtemps un sujet de recherches et de méditations pour les géomètres. En augmentant ainsi ce volume du plus ancien traité de calcul qui soit connu, nous réalisons un vœu que Lagrange exprimait dans une de ses leçons à l'école normale (séance 31e), et nous offrons aux professeurs une très-belle et très-utile collection de problèmes arithmétiques.

L'ouvrage de Diophante d'Alexandrie, qu'on doit considérer comme un des plus beaux monuments du génie des Grecs, était divisé en treize livres, qui, au grand dommage des sciences, sont en partie égarés. Le texte grec des six premiers livres, très-altéré et souvent inintelligible, ne fut connu en Europe que vers le commencement du 15e siècle. C'est sur ce texte qu'un Allemand

(Guillaume Holzman, *homme de bois*), qui traduisait son nom en grec dans celui de Xylander, publia, en 1575, une traduction latine de Diophante, beaucoup moins imparfaite que la version du scholiaste grec. Bachet de Meziriac, géomètre distingué (on lui doit la résolution de l'équation indéterminée du premier degré en nombres entiers), perfectionna le texte de Xylander, qu'il fit suivre d'un commentaire prolixe, mais très-lumineux, que les progrès de l'algèbre rendent aujourd'hui inutile. Dans l'intéressante préface de son ouvrage, publié en 1621, Bachet raconte que le Cardinal Duperron lui dit avoir possédé un manuscrit des treize livres de Diophante, qui lui fut emprunté par Gosselin; la mort prématurée de ce savant fit perdre le texte précieux qu'il se proposait d'étudier et de commenter. En 1634, Simon Stevin, de Bruges, publia une traduction française des quatre premiers livres de Diophante, qu'Albert Girard a insérée dans l'édition complète des œuvres de Stevin, en y ajoutant la traduction des deux derniers livres. Albert Girard, dans une courte préface, cite les commentaires de Planude et d'Hypathéia, reine d'Alexandrie, sur les premiers livres de l'Arithmétique, commentaires que le temps a fait disparaître, et il ajoute qu'un savant de son époque, Jehan Regiomonte, affirmait avoir vu à la bibliothèque du Vatican, le texte grec des treize livres. La lecture de la traduction de Stevin et d'Albert Girard, écrite en ancien français, et avec des signes algébriques qui ne sont plus en usage aujourd'hui, est peut-être plus difficile que celle de la version latine de Bachet. Dans notre résumé, nous nous sommes appliqué à être aussi concis que possible, et nous nous sommes contenté d'énoncer les questions du premier et du second livre, qui dépendent du premier degré et sont très-faciles à résoudre. Partout ailleurs, nous exposons la démonstration de Diophante, en employant très-rarement quelques lettres de plus que celles du texte latin, dans lequel l'inconnue est représentée par la lettre N; mais pour plus de clarté nous avons évité, comme le fait Bachet, de désigner par cette lettre unique deux inconnues distinctes de la même question.

Nous avons placé à la suite du texte de Diophante, les observations marginales, malheureusement trop concises, de P. Fermat; ces observations forment d'ailleurs deux classes distinctes, dont il est indispensable de bien saisir la nature et la différence. Diophante résout, dans son Arithmétique, quelques problèmes déterminés, et un grand nombre de problèmes indéterminés qui ne dépassent pas le second degré; l'auteur, au moyen d'artifices ingénieux, parvient à la solution, en fractions ou en nombres entiers; mais sa méthode, qui manque de généralité, fournit rarement un nombre infini de solutions. Fermat perfectionne le procédé des doubles égalités, et il l'étend ensuite aux triples égalités; la généralité qu'il lui donne, lui permet de déduire une infinité de solutions, d'une solution particulière de Diophante; de plus il résout quelques problèmes, dont les énoncés qui se présentaient naturellement ne se trouvent pas dans le texte de l'Arithmétique, et qui par leurs difficultés paraissent avoir mis en défaut la sagacité du géomètre grec. Cette partie des observations de Fermat a été recueillie et développée dans un traité du Père Billy, de la Société de Jésus, rédigé sous le titre d'*Inventum novum*, et que Samuel Fermat a fait insérer dans son édition de Diophante, augmentée du commentaire de Bachet et des observations de son père. Mais ce petit traité de Billy n'est plus d'un grand intérêt, parce que les questions qu'il résout sont suffisamment indiquées dans les notes marginales, et qu'elles sont en grande partie reproduites sous une forme plus générale dans le second volume de l'Algèbre d'Euler.

D'autres observations marginales, qui ne sont pas mentionnées dans l'*Inventum novum*, ont une grande importance, parce qu'elles répondent à un ordre de questions plus difficiles et moins connues; nous voulons parler des observations où sont énoncés les théorèmes sur les nombres premiers, sur les nombres polygonaux, sur la possibilité où l'impossibilité de certaines équations indéterminées en nombres entiers. Dans cette branche de l'arithmétique, Fermat se fraye une voie nouvelle où il a été bien difficile à ses successeurs de le suivre, parce qu'il a presque toujours caché la méthode qui le guidait dans ses recherches, et qu'il n'a pas publié l'ouvrage sur la théorie des nombres qu'il avait projeté. Cette méthode devait sans aucun doute différer des procédés actuels, fondés la plupart sur une savante analyse. L'usage restreint des signes algébriques dans les solutions qu'il nous a laissées, montre assez qu'il arrivait à ses théorèmes par des raisonnements subtils et des procédés originaux d'investigation entièrement perdus. D'ailleurs l'exactitude constante de ses énoncés, les fragments de démonstrations très-difficiles qu'il a laissés, ses affirmations précises, ne permettent pas de supposer que des inductions imparfaites, ou de simples tâtonnements le dirigeaient dans la recherche de ses théorèmes. Un seul de ses énoncés, relatif à une série qui d'après lui ne doit donner que des nombres premiers (la série dont le terme général est $2^{2^m}+1$), a été reconnu inexact par Euler (1). Mais Fermat, dans une lettre à Frénicle, avoue qu'il n'a pu trouver la démonstration de la proposition dont il ne fait que soupçonner la vérité. Enfin, on voit par sa correspondance, qu'il communiquait quelquefois à ses amis des démonstrations qui n'ont pas été retrouvées.

Ce travail est terminé par un extrait étendu des lettres de Fermat, que son fils a fait insérer à la suite des *Opera varia*. nous avons conservé tout ce qui, dans ces lettres, a trait aux questions mathématiques, et sous ce rapport quelques-unes sont d'une grande importance; mais nous avons supprimé les longues lettres relatives aux principes de la mécanique, qui nous ont paru dénuées d'intérêt. Fermat remarque que les corps pesants soumis à l'action de la terre et tendant à son centre, ne sont pas sollicités, ainsi que le suppose Archimède, par des forces parallèles, et que par suite sa théorie du levier ne peut être considérée que comme une approximation pratique. Dans le cas où le levier est sollicité par des forces concourantes, Fermat n'admet pas la règle très-simple d'équilibre qu'énonce Roberval dans une de ses lettres, et d'après laquelle les puis-

(1) Si $m=5$, $2^{32}+1=4,294,967,297$ qui est divisible par 641.

sances doivent être réciproques aux perpendiculaires abaissées du point d'appui sur leur direction. Dans ses longues discussions avec Pascal, sur les principes de la statique, il n'éclaircit pas ces premières notions, et cette partie de sa correspondance ne sert qu'à faire bien apprécier l'immense service que rendit Galilée à son époque, en établissant la véritable doctrine des forces concourantes, et en créant la science des forces accélératrices. Fermat, génie du premier ordre dans la géométrie et l'analyse, n'avait fait qu'effleurer la mécanique et la physique. Mais l'inventeur de l'analyse infinitésimale, le fondateur de la moderne théorie des nombres, est assez riche de gloire, pour qu'on puisse laisser dans l'oubli quelques ébauches imparfaites échappées à sa plume, dans l'abandon d'une correspondance familière.

Le désir et l'espoir d'être utile, nous a soutenu dans l'exécution d'un travail pénible et difficile; nous avons surtout obéi à un sentiment patriotique, en rédigeant ce précis des œuvres d'un savant qui, par l'originalité et la profondeur de son génie, est au premier rang des géomètres français, et dont le nom sera toujours la gloire et l'honneur de la ville de Toulouse.

Nota. P. Fermat, Conseiller au Parlement de Toulouse, naquit à Beaumont de Lomagne, près Toulouse, l'année 1608; il mourut l'an 1665.

Voici l'épitaphe gravée sur son tombeau; la pierre tumulaire a été placée au Musée de Toulouse, au-dessus de son buste :

« *Piæ memoriæ Domini Petri de Fermat, Senatoris Tolosani, qui litterarum Politiorum, pluriumque Linguarum et Matheseos ac Philosophiæ peritissimus, ita jurisprudentiam calluit, ita Judicis munere functus est, ut ejus ad hoc unum, collecta crederetur ingenii vis, licet in tot arduas speculationes diversa. Vir ostentationis expers, suas lucubrationes typis mandari non curans, et egregiorum operum neglectu, major quam partu. Præclara suî legit in aliorum libris elogia, nec intumuit. Nunc autem quod ipsius virtutes sperare sinuunt, dum æternam virtutem contemplari gaudet, cœlesti radio maxima et minima dimensus, è tumulo quemlibet affari videtur, hoc aureo christiani doctoris monito :*

« *Vis scire quiddam quod juvet ? Nesciri ama.* »

OB. XII. JAN. MDCLXV. ÆT. AN. LVII.

PRÉCIS

DES *OPERA VARIA*.

INTRODUCTION AUX LIEUX PLANS ET SOLIDES.

(*Fig.* 1.) Fermat considère une droite indéfinie NM sur laquelle il prend un point fixe N. Il suppose qu'un point I est déterminé de position par la relation constante $d.x = b.y$; les quantités d, b, sont des lignes données; le segment NZ représenté par x, et la perpendiculaire IZ à NM représentée par y sont des quantités variables. Or, si on joint IN, comme d'après la relation établie, le rapport $\frac{y}{x}$ est constant pour toutes les positions du point I; il en résultera que l'angle N ne variant pas, le lieu du point I sera la droite NI.

Si on considère l'équation indéterminée homogène $m^2 - dx = by$, on posera $m^2 = d.k$, et on trouvera par suite : $d(k-x) = b.y$; si on prend $NM = k$, ZM sera égal à $k-x$, et le point I étant tel que : $\frac{IZ}{ZM} = \frac{y}{k-x} = \frac{d}{b}$, le lieu du point I sera la droite IM.

Fermat, après avoir ainsi trouvé l'équation d'une droite quelconque, énonce ce lieu géométrique :

« On donne sur un plan des droites quelconques sur » lesquelles on prend des longueurs a, b, c,... on veut » déterminer un point m, tel que menant par ce point des » droites mp, mq, ms,... qui rencontrent respectivement » les droites données aux points p, q, s, en faisant avec » elles des angles donnés, on ait la relation constante » $mp.a + mq.b + ms.c + ... = k^2$. en désignant par k^2 une » aire donnée. Le lieu du point m sera une ligne droite. »

Fermat définit l'hyperbole par la relation $y.x=m^2$, et il indique la construction de chaque point en prenant deux axes rectangulaires asymptotes de la courbe.

Il considère ensuite la relation $d^2+y.x=r.x+s.y$, d'où $d^2=rx+sy-xy=(y-r)(s-x)+sr$, ou, en posant $d^2-sr=m^2$, il résulte $m^2=(y-r)(s-x)$, ou enfin $m^2=y'.x'$, en remplaçant les deux binômes du second membre par x', y'. On voit que ces calculs sont analogues à la transformation des coordonnées.

Il examine enfin les équations du second degré : $x^2=y^2$, $\frac{x^2}{y^2}=k$, $x^2+xy=ky^2$, $y^2=d.x$, $x^2=d.y$, $b^2-x^2=d.y$, $y^2+x^2=b^2$, $b^2-2dx-x^2=y^2+2ry$, $b^2-x^2=ky^2$, $x^2+b^2=ky^2$, $b^2-2x^2=2xy+2$. Il fait voir comment on peut construire ces courbes par points : il termine par la construction du lieu géométrique suivant.

On prend sur une droite indéfinie deux points fixes M, N, et on demande le lieu géométrique des points I, tels que menant les droites IM, IN, la somme MI^2+IN^2 soit dans un rapport constant avec l'aire du triangle MIN.

Nous résumons très-succinctement cette introduction, parce que les problèmes qui sont indiqués, et les constructions des points successifs des courbes dont on donne les équations, sont aujourd'hui d'un faible intérêt. Mais comme on la croit écrite avant que Descartes eût rien publié sur la géométrie analytique, son importance historique est incontestable. Fermat appelle constamment l'abcisse A et l'ordonnée E; il trace rarement les deux axes coordonnés, qu'il ne désigne pas comme aujourd'hui par les lettres x, y, et il fait usage des exposants; il remplace le signe de multiplication par le mot *in*; il emploie, pour exprimer l'égalité, un des signes suivants $\{$ ou ∞.

Appendice à l'introduction sur les lieux, contenant la solution des problèmes solides au moyen des lieux.

Fermat construit dans ce supplément les racines de certaines équations algébriques par l'intersection des courbes. Quelques exemples donneront une idée nette de sa méthode :

1° Soit proposé de construire les racines de l'équation : $x^3+bx^2=m^2b$ (1), égalons chaque membre de cette équation à bxy, nous aurons $x^2+bx=by$ (2), $m^2=x.y$ (3), et les racines de l'équation (1) seront données par les intersections des courbes (2), (3), dont l'une est une parabole et l'autre une hyperbole.

2° Soit proposé de construire les racines de l'équation : $x^4+m^2x^2+b^3x=d^4$ (1), d'où $x^4=d^4-m^2x^2-b^3x$; égalons chaque membre à m^2y^2, on aura les relations suivantes : $m^2y^2=x^4$ (2), $m^2y^2=d^4-m^2x^2-b^3x$ (3). Ces deux dernières équations représentent deux paraboles et un cercle qui, par leurs intersections, donnent les racines de la proposée.

3° Soit proposé de trouver deux moyennes géométriques entre les quantités b et d, $b>d$, en appelant les moyennes cherchées x, x', on devra avoir la progression géométrique : $b:x:x':d$ ou les deux proportions $b:x::x:x'$ et $x:x'::x':d$ lesquelles donnent : $x^2=bx'$, $x'^2=dx$, d'où en éliminant x', $x^3=b^2d$. Pour avoir les valeurs de x, nous égalerons chaque membre de cette dernière équation à dxy, et nous aurons les deux relations $x^2=dy$, $b^2=xy$, de sorte que la valeur de la première moyenne résulte de l'intersection d'une parabole et d'une hyperbole.

Fermat varie par des artifices d'analyse les courbes qui, par leur intersection, donnent les racines de l'équation algébrique. Soit proposé par exemple de construire les racines de : $x^4+m^3x=d^4$, d'où $x^4=d^4-m^3x$; complétons au premier membre le carré de x^2-b^2, l'égalité précédente deviendra : $x^4-2b^2x^2+b^4=d^4-m^3x-2b^2x^2+b^4$. Si nous égalons chaque membre à n^2y^2, les racines seront données par l'intersection de deux paraboles et d'un cercle.

Enfin, la même question est traitée plus généralement dans les *Opera varia*, dans une Dissertation qui a pour titre : *Solution des Problèmes géométriques au moyen des courbes les plus simples, et convenant spécialement à chaque genre de problèmes.*

Nous donnerons un extrait de la partie essentielle de cette Dissertation.

Supposons que, entre deux grandeurs a et b, on veut insérer 12 moyennes géométriques ; de sorte que ces moyennes étant représentées par x, x', x'' ... on aura la progression $a : x : x' : x'' :... : b$; ou en appelant k la raison inconnue de la progression, $a : ak : ak^2 : ... : ak^{12} : b$, d'où il résulte que $b=ak^{13}$; mais puisque la première moyenne est représentée par x, on a $x=ak$, d'où $x^{13}=a^{12}.b$. Il s'agit de construire la racine réelle de cette dernière, ce qu'on fera en égalant chaque membre de l'équation à $x^8y^4.b$; on aura donc les relations $x^{13}=x^8.y^4.b$ et $y^4.x^8=a^{12}$. La première se réduit à $x^5=y^4.b$ du cinquième degré, et à la seconde à $yx^2=a^3$, qui est une hyperbole du troisième degré.

Fermat généralise, en terminant, la construction des moyennes géométriques. Il prend la suite des nombres premiers 3, 5, 17, 257, 65537.....; chacun de ces nombres est le carré du précédent diminué d'une unité, ce carré étant augmenté de 1 : ainsi $257=(17-1)^2+1$. Fermat pensait qu'une suite indéfinie de nombres ainsi formés, ne renfermerait que des nombres premiers ; il est vrai que dans une lettre à Frénicle, il avoue qu'il n'a pas pu prouver la vérité de cette proposition qui, d'après la remarque d'Euler, n'est pas exacte.

Si entre les nombres a et b on veut insérer 256 moyennes, on aura pareillement $x^{257}=a^{256}b$. Posons $x^{240}y^{16}b=x^{257}$, d'où $y^{16}.b=x^{17}$ courbe du 17ᵉ degré, puis $x^{240}y^{16}.b=a^{256}b$; d'où $x^{15}.y=\pm b^{16}$, courbe du 16ᵉ degré. Si on voulait intercaler 65536 moyennes entre a et b, leur recherche dépendrait d'intersections de courbes du 257ᵉ degré.

Ces solutions géométriques, au moyen de l'intersection de courbes, sont utiles pour les problèmes de la trisection de l'angle, du mésolabe (instrument ancien pour trouver des moyennes proportionnelles), etc.....

Nouvel usage des racines du second ordre et d'un ordre supérieur dans l'analyse.

1° Soient deux égalités $a^3+e^3=z^3$, $ba+e^2+de=n^2$ (1), entre lesquelles il s'agit d'éliminer e, de telle sorte qu'on parvienne à une relation qui ne contienne pas cette lettre et qui soit privée de radicaux. Les deux relations (1) se mettent sous la forme : $e^3=z^3-a^3$, $n^2-ba=e^2+de$ (2); celles-ci, multipliées membre à membre, donnent après la suppression du facteur e : $e^2(n^2-ba)=(e+d)(z^3-a^3)$, cette dernière, ordonnée par rapport à e, devient :
$e^2(n^2-ba)+e(a^3-z^3)=d(z^3-a^3)$..... (3), multipliant cette égalité par la deuxième du groupe (2), on trouve après avoir supprimé e :
$e(n^2-ba)^2+(a^3-z^3)(n^2-ba)=(e+d)d(z^3-a^3)$...(4).
Si on ne veut pas continuer à suivre la méthode que nous avons indiquée, il suffira de prendre la valeur de e dans la relation (4) qui est du premier degré par rapport à e, et de porter cette valeur dans l'égalité (3); le résultat répondra à la question proposée.

2° La méthode précédente est encore applicable, lorsqu'on veut dégager une équation de ses radicaux (ou de ses asymétries). L'exemple suivant que choisit Fermat, donne une idée très-nette de son procédé.

Soit proposé de transformer l'expression

$$\sqrt[3]{2a^2-a^3}+\sqrt[3]{a^3+b^2a}=d\ (1)$$

en une autre qui soit privée de radicaux; la relation (1) prend la forme $\sqrt[3]{2a^2-a^3}=d-\sqrt[3]{a^3+b^2a}$; posons dans cette dernière $a^3+b^2a=e^3$ (2), elle deviendra par cette hypothèse, et après qu'on aura élevé ses deux membres au cube $2a^2-a^3=d^3-3d^2e+3de^2-e^3$ (3) : cette dernière, combinée avec (2), donne, en faisant l'élimination de e, conformément à la méthode précédente, le résultat demandé.

On voit suffisamment par cet exemple, que Fermat fait usage, pour dégager une équation de radicaux, d'une méthode qui est expliquée dans tous les traités élémentaires d'algèbre, et que son procédé d'élimination s'applique aux équations de tous les degrés.

Après l'exposition succincte de ces procédés, l'illustre géomètre remarque que si, dans la solution des questions géométriques, on a souvent à considérer des équations indéterminées, qui représentent des courbes ou des surfaces, il peut aussi arriver que le problème comprenne plus d'équations que d'inconnues; alors le procédé d'élimination indiqué précédemment conduit à des expressions des inconnues très-simples et souvent du premier degré. Si, par exemple, on veut couper une droite a, en deux segments x, $a-x$, tels que $x(a-x)=m^2$, si on sait de plus que la relation $x^2+(a-x)^2=k^2$ a lieu, il est clair qu'il y aura une condition qui liera k et m, mais que la combinaison des deux équations précédentes permettra d'avoir x au premier degré.

Si on donne une ellipse et un point en dehors de son plan, on pourra concevoir un cône dont ce point sera le sommet et l'ellipse la base; si on propose de couper ce cône par un plan qui donne pour intersection une circonférence, on pourra faire usage de relations en nombre superflu pour simplifier la solution de la question. Si, en effet, on prend cinq points sur l'ellipse et qu'on les joigne avec le sommet du cône, on obtiendra cinq arêtes d'une pyramide pentagonale, et la question précédente reviendra à couper ces cinq arêtes par un plan, de telle sorte que les cinq points d'intersection soient sur une circonférence. Si on prend un sixième point sur l'ellipse, et si on le joint avec le sommet, cette nouvelle arête percera le plan sécant en un sixième point qui devra aussi se trouver sur la circonférence. Or, cinq points sont suffisants pour la détermination de l'ellipse, un sixième point fournira des équations superflues qui simplifieront la question. La même méthode s'appliquerait à des courbes placées sur des cônes à bases elliptiques ou paraboliques dépassant le second degré.

L'emploi des équations superflues que Fermat ne fait qu'indiquer, parait pouvoir donner lieu à des recherches fort utiles.

Nota. — Dans ce dernier fragment, Fermat ne fait usage ni du signe radical, ni de l'exposant, ni du signe $=$. Il emploie les signes $+$, $-$. Voici de quelle manière il écrit la relation

$$\sqrt[3]{2a^2-a^3}+\sqrt[3]{a^3+b^2a}=d:$$

Lat. cub. (2. in *a*. *qu* — *a* cub.) + L. cub. (A. *c* + B*q*, in A) æquari *d*.

MÉTHODE POUR CHERCHER LA PLUS GRANDE OU LA PLUS PETITE VALEUR, ET POUR LES TANGENTES.

Principe fondamental : Si une quantité cherchée dépend d'une variable x, et si une valeur x_1 de cette variable répond à une valeur maximum ou minimum de la quantité cherchée, x_1+e répondra à la même valeur de cette quantité, pourvu qu'on suppose l'accroissement indéterminé e infiniment petit.

1er Exemple : On veut diviser une droite donnée a en deux segments x, $a-x$, dont le rectangle $x(a-x)$ soit

maximum. Si nous désignons par x la valeur inconnue qui correspond au maximum, d'après le principe posé ci-dessus, $x+e$ donnera pour le rectangle cherché la même valeur maximum que x. On aura donc :
$x(a-x)=(x+e)(a-x-e)$; de cette égalité on déduit : $e(a-2x)-e^2=0$, ou $(a-2x)-e=0$; mais e étant aussi petit qu'on voudra, la dernière égalité ne peut avoir lieu que si $a-2x=0$, ou $x=\frac{a}{2}$.

2me Exemple : La droite a doit être divisée en deux segments x, $(a-x)$, tels que $x^2(a-x)$ soit un maximum. D'après le principe, on devra avoir
$x^2(a-x)=(x+e)^2(a-x-e)$, et par suite $x=\frac{2}{3}a$.

3me Exemple : Question d'Apollonius, considérée par Pappus comme très-difficile.

(*Fig.* 2.) Sur une droite OD, on donne deux points M, I; il s'agit de diviser MI en un point N, tel que le rapport du rectangle $\frac{ON.ND}{MN.NI}$ soit un minimum.

Soit $OM=b$, $MD=z$, et $MI=g$; désignons le segment inconnu MN par x, nous aurons : $\frac{(b+x)(z-x)}{x(g-x)}$ qui devra être un minimum, et par suite en remplaçant x par $x+e$, on devra avoir l'égalité : $\frac{(b+x)(z-x)}{x(g-x)}=\frac{(b+x+e)(z-x-e)}{(x+e)(g-x-e)}$.
Faisant disparaître les dénominateurs, ordonnant par rapport aux puissances croissantes de e, divisant le résultat par e, et égalant ensuite à zéro le terme indépendant de e, on trouvera : $x^2(z-b-g)+2b.z.x-bzg=0$, qui donnera les deux valeurs de x.

Fermat fait encore usage d'une méthode analogue à celle des maximis et des minimis, pour trouver les tangentes aux courbes. Il l'expose d'une manière très-simple pour le cas particulier de la parabole, et il l'applique ensuite à l'ellipse, à la cissoïde, à la conchoïde, à la cycloïde et à la quadratrice de Dinostrate.

(*Fig.* 3.) 1° Soit une parabole dont le sommet est D, et l'axe DC; par un point B de la courbe dont l'ordonnée est BC et l'abcisse CD, on veut mener une tangente à cette courbe. Supposons la question résolue, et que BP soit la tangente cherchée. Appelons l'abcisse DC, x, et prenons une abcisse $DI = x - e$; si du point I nous élevons IO perpendiculaire à l'axe et terminé à la tangente, nous aurons par la comparaison des triangles BCP, OIP, BC : OI :: CP : IP, ou en élevant au carré et représentant CB par y, $y^2 : \overline{OI}^2 :: \overline{CP}^2 : \overline{IP}^2$; appelons s la sous-tangente CP, la proportion précédente pourra s'écrire comme il suit : $y^2 : \overline{OI}^2 :: s^2 : (s-e)^2$. Si le point O était sur la parabole, dont nous supposons l'équation $y^2 = 2px$ donnée, on aurait $\overline{BC}^2 : \overline{OI}^2 :: CD : ID$ ou $y^2 : \overline{OI}^2 :: x : x - e$. Si donc nous regardons e comme assez petit pour qu'on puisse supposer le point O, sur la parabole et sur la tangente, la comparaison des dernières proportions donnera évidemment $x : x - e :: s^2 : (s-e)^2$; d'où $e(s^2 - 2sx) + e^2 x = 0$, et par suite $s^2 - 2sx = 0$ ou $s = 2x$, qui fera connaître la sous-tangente s et par suite le point P où passe la tangente au point B de la parabole.

(*Fig.* 4.) 2° Soit une ellipse dont le centre est O, le demi-axe $OC = a$; sur cette courbe un point m dont les coordonnées mP, oP sont x, y, et un point m' très-rapproché du point m, placé à la fois sur la courbe et la tangente mg, dont l'abcisse $OP' = x + e$. Cherchons comme précédemment la valeur de la sous-tangente $Pg = s$, on aura d'abord $\overline{mP}^2 : m'P'^2 :: s^2 : (s-e)^2$; mais par une propriété connue de l'ellipse $\overline{mP}^2 : m'P'^2 :: BP \times PC : BP' \times P'C$, ou par la comparaison des deux dernières proportions, en remplaçant BP, PC, BP', P'C par leurs valeurs :

$(a+x)(a-x):(a+x+e)(a-x-e)::s^2:(s-e)^2$. Faisant de cette dernière proportion une égalité, ordonnant par rapport à e, divisant par ce facteur, et égalant à zéro le terme indépendant de e, on trouvera très-aisément $s=\frac{a^2-x^2}{x}$.

(*Fig.* 5.) *Cissoïde.* 3° Considérons une demi-circonférence EAB dont le centre est o, le rayon r. AmB est une branche de la cissoïde ; un de ses points m a pour coordonnées $m\text{P}=y$, $o\text{P}=x$; le point voisin m' qui se trouve aussi sur la tangente mF au point m, a pour abcisse $o\text{P}'=x+e$. Cherchons la valeur s de la sous-tangente PF ; les deux triangles mPF, m'P'F, donneront d'abord, $\overline{m\text{P}}^2:\overline{m'\text{P}'}^2::s^2:(s-e)^2$; mais par la définition de la courbe Pl : PB :: PB : Pm,

d'où $\text{P}m=\frac{(r-x)^2}{\sqrt{r^2-x^2}}$ et $\text{P}m^2=\frac{(r-x)^3}{(r+x)}$; par suite

$\text{P}'m'^2=\frac{(r-x-e)^3}{(r+x+e)}$. Ces valeurs, substituées dans l'avant-dernière proportion, donneront

$\frac{(r-x)^3}{r+x}:\frac{(r-x-e)^3}{r+x+e}::s^2:(s-e)^2$, qui, mise sous la forme d'une égalité, fera trouver, en suivant les procédés indiqués ci-dessus, $s=\frac{r^2-x^2}{2r+x}$, facile à construire.

(*Fig.* 6.) *Conchoïde.* 4° Soit kg la ligne asymptotique de la conchoïde, I son pôle, on abaisse du point I une perpendiculaire sur kg, et on suppose, $\text{IH}=a$, $\text{H}o=b$. Si on mène du pôle des obliques ImB, ILN, de telle sorte que au-dessus de la ligne kg, les distances mB, LN soient égales à b, les points N, B appartiendront à la courbe. L'abcisse du point N sera $oc=x$; celle du point B, $o\text{P}=x-e$: cela posé, la tangente étant NA et la sous-tangente $s=c\text{A}$, on aura $\overline{\text{NC}}^2:\overline{\text{BP}}^2::s^2:(s-e)^2$.

Il faut exprimer NC et BP, en fonctions des abcisses; ce qui est aisé en menant par le point c, $ck'=b$ parallèle à NI et Ld parallèle à Io. On a $NC=Nd+dc=Hk'+LH$; mais $cH=b-x$; par suite $Hk'=\sqrt{2bx-x^2}$, et par la comparaison des triangles LHI, Hck', on trouve

$LH=a\frac{\sqrt{2bx-x^2}}{b-x}$; par suite

$NC=\sqrt{2bx-x^2}\frac{(b-x+a)}{b-x}$, changeant x en $x-e$, on aura la valeur de BP, et la dernière proportion donnera la valeur de s en fonction de l'abcisse du point N.

(*Fig.* 7.) *Cycloïde.* 5° Le procédé que Fermat emploie pour éviter la difficulté provenant de l'équation transcendante de la cycloïde est très-élégant et susceptible de nombreuses applications.

c est le sommet d'une demi-cycloïde, cf son axe vertical diamètre du cercle générateur cmf; en un point r on veut mener la tangente à la cycloïde et trouver la valeur de la sous-tangente $db=s$, prenant un point voisin n, et désignant dg par e, on aura, comme dans tous les problèmes précédents, $rd:ng::s:s-e$; mais par suite de la génération de la cycloïde, hf vaut une demi-circonférence; et en faisant passer le cercle générateur par le point r, il est aisé de voir que $rd=com+md$. Par la même raison, $ng=co+og=cm-mo+og$. Menons la tangente au cercle au point m, et remarquons que la quantité $dg=e$, peut être assez petite pour que mv, partie de la tangente, se confonde avec l'arc mo, et vg avec og; nous pouvons donc admettre que $ng=com-mv+gv$. La proportion fondamentale deviendra donc : $com+md:com-mv+gv::s:s-e$. Calculons mv et gv au moyen des triangles mda, vga, nous aurons $gv:md::da-e:da$; $mv:ma::e:da$. Prenant dans ces deux dernières les valeurs de gv, mv, et les substituant dans la proportion précédente, elle deviendra :

$(com+md).da : cm.da - ma.e + md(da-e) :: s : s-e$; changeons la proportion en égalité, et égalons à zéro le coefficient de la première puissance de e, nous aurons : $s = \frac{(com+md).da}{ma+md}$ ou $s = \frac{rd.da}{ma+md}$; mais il est aisé de prouver pour la circonférence qu'on a $da : ma+md :: dc : md$; donc $s = \frac{rd.dc}{md}$ ou $\frac{rd}{s} = \frac{md}{dc}$ qui prouve que la tangente à la cycloïde est parallèle à la corde mc.

(*Fig.* 8.) *Quadratrice.* 6° Soit un quart de cercle AB, et deux rayons perpendiculaires AI, IB; pour décrire la quadratrice on divisera le quadrant AB et le rayon AI en m parties égales; on joindra le centre I avec une division c du quadrant, et par le point D de la division de même rang du rayon AI, on mènera Dm, parallèle à IB, le point m appartiendra à la quadratrice; et il sera aisé de trouver la tangente mo à cette courbe, par la règle suivante que Fermat déduit de sa méthode : avec mI décrivons le quadrant zmf et menons l'ordonnée mN; cela posé, la sous-tangente No sera donnée par la proportion : Im : mN :: arc mf : No.

Fermat, après ces applications de sa méthode des tangentes, fait une observation qui est bien importante.

(*Fig.* 9.) Si la courbure d'une courbe change en un point H, de telle sorte que, après avoir été concave par rapport à l'axe des abcisses elle devienne convexe, la tangente au point H fera avec cet axe un angle moindre que ceux que feraient des tangentes menées en des points compris entre A et H; passé le point H, l'angle que fait la tangente avec l'axe des abcisses augmentera de nouveau; par suite, pour le point d'inflexion H, l'expression qui exprime l'inclinaison de la tangente sur l'axe des abcisses est à l'état de maximum ou de minimum, considération qui rendra aisée la détermination des inflexions des courbes.

Application de la méthode des maximis à la détermination du centre de gravité du paraboloïde de révolution.

Bien que le procédé de Fermat soit indirect, et qu'il suppose un lemme d'Archimède, il nous paraît assez ingénieux pour mériter l'attention des géomètres.

(*Fig.* 10.) Le paraboloïde est engendré par la révolution du segment parabolique CAV autour de l'axe AI; soit o son centre de gravité inconnu, faisons une section parallèle à CV par la droite BR, le segment BAR engendrera un paraboloïde dont le centre de gravité sera E. Désignons par e la distance IN; cela posé, en appelant x l'abcisse Ao du centre de gravité et b la longueur AI, on aura, d'après un lemme d'Archimède, Ao : AE :: AI : AN, c'est-à-dire que les abcisses des centres de gravité sont entre elles comme les longueurs des segments paraboliques. Cette proportion peut s'écrire ainsi x : AE :: b : $b-e$, qui donnera x : oE :: b : e; d'où $oE=\frac{x.e}{b}$; mais les volumes des paraboloïdes CAV, BAR sont dans le rapport de $\overline{AI}^2 : \overline{AN}^2$ ou de $b^2 : (b-e)^2$; par suite vol.BAR : vol.(CAV—BAR) :: $(b-e)^2 : 2be-e^2$; mais E étant le centre de gravité du volume BAR et m celui du segment engendré par CBRV, on peut trouver le point o, c'est-à-dire le centre de gravité du volume CAV en composant deux forces parallèles appliquées en m et en E dans le rapport de $2be-e^2$ à $(b-e)^2$. Ainsi donc on aura : $mo : Eo :: (b-e)^2 : 2be-e^2$; d'où $mo=\frac{Eo\,(b-e)^2}{2be-e^2}$; mais $Eo=\frac{e.x}{b}$, donc $mo=\frac{ex\,(b-e)^2}{2b^2e-be^2}$; mais $Io=b-x$, et si on fait e aussi petit qu'on voudra, Io deviendra égal à mo; on aura donc à la limite $b-x=\frac{x\,(b-e)^2}{2b^2-be}$, faisant disparaître le dénominateur et supposant e infiniment petit, on trouvera sans peine : $x = \frac{2}{3} b$, ou la valeur de l'abcisse du centre de gravité.

Si on faisait tourner le demi-segment CAI autour de l'ordonnée CI, le centre de gravité du solide de révolution diviserait CI en deux parties dans le rapport de 11 à 5.

DE LA QUADRATURE DES HYPERBOLES, DES PARABOLES, ET DE LA TRANSFORMATION DES LIEUX GÉOMÉTRIQUES.

1° Fermat remarque d'abord qu'Archimède ne s'est servi de la considération des progressions géométriques que dans son traité de la quadrature de la parabole ; partout ailleurs, il fait usage de la progression arithmétique. Cependant, la règle de sommation des termes en nombre infini, d'une progression géométrique décroissante, fournit des procédés simples pour la quadrature des hyperboles et des paraboles de degré quelconque. Indiquons les principes dont Fermat fait usage :

1er LEMME. $a : aq : aq^2 : aq^3$...... est une progression géométrique décroissante et par conséquent $q < 1$. Cela posé, désignant la somme des termes par s, on aura la proportion : la différence de deux termes de rang quelconque est au plus petit des deux termes, comme le premier terme est à la somme de tous les termes qui sont après lui. Ainsi, par exemple, $a - aq : aq :: a : s - a$; cette formule donne la valeur connue de s.

2me LEMME. $a : a(1+\alpha) : a(1+\alpha)^2 : a(1+\alpha)^3$..... est une progression croissante ; mais α est très-faible et peut même devenir infiniment petit. Dans ce cas, la différence de deux termes consécutifs quelconques sera la même, à un infiniment petit du second ordre près.

En effet, la différence des deux premiers termes est $a\alpha$, celle du troisième au second est $(1+\alpha)\, a\alpha$ qui au second ordre α^2 près est encore $a\alpha$. Les trois premiers termes étant en progression arithmétique au second ordre près, il est clair que le troisième terme $a\,(1+\alpha)^2$ vaudra, au second ordre près, le premier a plus la double différence $a\alpha$; poursuivant le calcul, on verra que les différences successives sont toutes égales au second ordre près, et que le terme $a\,(1+\alpha)^m$ vaudra au second ordre près le premier terme a plus m fois la différence $a\alpha$.

(*Fig.* 11.) 2° Ces lemmes posés, considérons l'hyperbole du troisième degré : $y=\frac{m^3}{x^2}$ rapportée à ses asymptotes, et prenons une suite infinie d'abcisses et d'ordonnées $Ap'=x'$, $p'm'=y'$, $Ap''=x'(1+\alpha)=x''$, $p''m''=y''$, $Ap'''=x'(1+\alpha)^2=x'''$, $p'''m'''=y'''$..... Nous voulons trouver l'expression de l'aire qui, à partir de $p'm'$, est comprise entre la courbe et l'axe des x prolongés à l'infini. Il est aisé de voir que les aires $y'(x''-x')$, $y''(x'''-x'')$, $y'''(x^{\text{IV}}-x''')$..... des rectangles $m'p''$, $m''p'''$, $m'''p^{\text{IV}}$..... sont en progression géométrique décroissante, et que α étant aussi petit que possible, ces rectangles convergent en somme vers l'aire cherchée. Or, le premier rectangle $y'(x''-x')=\frac{m^3}{x'^2}(\alpha x')=\frac{m^3\alpha}{x'}$, le second rectangle

$y''(x'''-x'')=\frac{\alpha m^3}{x'(1+\alpha)}$, comme on le trouve en remplaçant y' et y'' par leurs valeurs données par l'équation de l'hyperbole. Or, d'après le premier lemme, la différence des deux premiers rectangles (qui sont les deux premiers termes de la progression décroissante), savoir : $\frac{m^3\alpha^2}{x'(1+\alpha)}$ est au second terme $\frac{\alpha m^3}{x'(1+\alpha)}$ comme le premier rectangle $\frac{m^3\alpha}{x'}$ est à la somme s de tous les rectangles, moins le premier $\frac{m^3\alpha}{x'}$.

Ou, en réduisant, $\alpha : 1 :: \frac{m^3\alpha}{x'} : s-\frac{m^3\alpha}{x'}$, négligeant les infiniment petits du second ordre : $s=\frac{m^3}{x'}$.

(*Fig.* 12.) 3° Considérons la parabole du troisième degré $y^3 = m.x^2$. On veut trouver l'aire $A p' m'$ d'un segment de cette courbe ; considérons une suite d'abcisses et d'ordonnées décroissantes convergeant vers zéro, savoir $Ap' = x'$, $p'm' = y'$, $Ap'' = x'' = x'(1-\alpha)$, $p''m'' = y''$, $Ap''' = x''' = x'(1-\alpha)^2$, $p'''m''' = y'''$ ..... il est aisé de voir que les rectangles successifs $m'p''$, $m''p'''$, etc..... sont en progression géométrique décroissante. Or, le premier $m'p''$, ou $y'(x'-x'') = m^{\frac{1}{3}}x'^{\frac{2}{3}}\alpha x' = \alpha m^{\frac{1}{3}} x'^{\frac{5}{3}}$, le second rectangle $m''p'''$ ou $y''(x''-x''') = m^{\frac{1}{3}} x'^{\frac{2}{3}}(1-\alpha)^{\frac{2}{3}}(1-\alpha)\alpha . x'$. En appliquant le premier lemme et comparant la différence des rectangles au second rectangle, et désignant la somme des rectangles à l'infini par s, on aura :

$1-(1-\alpha)^{\frac{5}{3}} : (1-\alpha)^{\frac{5}{3}} :: \alpha . m^{\frac{1}{3}} x'^{\frac{5}{3}} : s - \alpha . m^{\frac{1}{3}} x'^{\frac{5}{3}}$. Or, si nous posons la progression géométrique décroissante $1 : (1-\beta) : (1-\beta)^2 : (1-\beta)^3 : (1-\beta)^4 : (1-\beta)^5$, on prouverait par le second lemme, que $(1-\beta)^5 = 1 - 5\beta$; mais nous pouvons supposer que $(1-\alpha)^{\frac{1}{3}} = (1-\beta)$, ou $(1-\alpha) = (1-\beta)^3$, en négligeant les quantités du second ordre en β, on aura : $\alpha = 3\beta$ ou $\beta = \frac{\alpha}{3}$; donc $(1-\beta)^5 = (1-\alpha)^{\frac{5}{3}} = 1 - \frac{5}{3}\alpha$; par suite la proportion précédente deviendra :

$\frac{5}{3}\alpha : 1 - \frac{5}{3}\alpha :: \alpha m^{\frac{1}{3}} x'^{\frac{5}{3}} : s - \alpha m^{\frac{1}{3}} x'^{\frac{5}{3}}$, d'où, en négligeant les termes du second ordre, $s = \frac{5}{3} m^{\frac{1}{3}} x'^{\frac{5}{3}}$. Les exemples que nous avons rapportés paraissent suffisants à Fermat pour qu'on puisse par induction généraliser les règles des quadratures des hyperboles ou paraboles de tous les degrés, règles qui renferment les principes de l'intégration des monômes à exposants entiers ou fractionnaires positifs ou négatifs.

L'illustre géomètre considère ensuite des équations à plusieurs termes, telles que $ay^2 = x^3 + bx^2$; il remarque que si on pose $ay^2 = a^2 v$, on aura $a^2 v = x^3 + bx^2$, et il est évident que la courbe dont l'ordonnée serait v, aurait une aire qui serait la somme de deux aires paraboliques dont les équations seraient $a^2 v' = x^3$ et $a^2 v'' = b x^2$. Ces aires, prises dans des limites convenables et ajoutées ensemble, donneront ce que Fermat appelle la somme des y^2 qu'on désigne actuellement par $\int y^2 dx$.

(*Fig.* 13.) Fermat démontre ensuite par des considérations géométriques et analytiques la transformation connue sous le nom d'intégration par parties. Pour bien comprendre le sens de ses procédés, remarquons d'abord que si une somme $a + \alpha + \alpha' + \alpha'' +$, etc., est élevée au carré, et que α, α', α'' soient très-petits, de telle sorte qu'on puisse négliger α^2, α'^2, α''^2, etc..., le carré de cette somme pourra se mettre sous la forme :

$$a^2 + 2a\alpha + 2(a+\alpha)\alpha' + 2(a+\alpha+\alpha')\alpha''$$
$$+ 2(a+\alpha+\alpha'+\alpha'')\alpha''' +, \text{etc.....}$$

Cela admis, considérons une courbe $m\,m'\,m''\,m'''$ .. M; traçons les abcisses et les ordonnées des points infiniment rapprochés m, m', m''... M; les coordonnées du point m seront a, b, celles de M seront A, B, l'abcisse $p'm' = x'$, $p''m'' = x'' = x' + \alpha$, $p'''m''' = x''' = x' + \alpha + \alpha'$, $x^{\text{IV}} = x' + \alpha + \alpha' + \alpha''$. α, α', α''... désignant les accroissements successifs et infiniment petits $s\,m''$, $l\,m'''$, $t\,m^{\text{IV}}$... de l'abcisse x'. Nous voulons présentement calculer la somme du carré de chaque abcisse par la différence des ordonnées correspondantes; savoir :

$$p'm'^2 . bp' + p''m''^2 . p'p'' + p'''m'''^2 . p''p''' + \ldots \text{ ou } \ldots$$
$$x'^2(b-y') + x''^2(y'-y'') + x'''^2(y''-y''') + \ldots..$$
$$\ldots.. + \text{A.}^2(y^{(m-1)} - \text{B});$$

mais $x''^2 = x'^2 + 2\alpha x'$, $x'''^2 = x'^2 + 2x'\alpha + 2x''\alpha'$, $x^{\text{IV}2} = x'^2 + 2x'\alpha + 2x''\alpha' + 2x'''\alpha'' + \ldots..$ par suite la dernière sommation deviendra, par la substitution de ces valeurs, en isolant successivement les facteurs x'^2, $2\alpha x'$, $2\alpha' x''$..... et faisant les réductions évidentes :

$$x'^2(b-B)-2\alpha x'B-2\alpha' x''B-2\alpha'' x'''B.....+...$$
$$...+2x'y'\alpha+2x''y''\alpha'+2x'''y'''\alpha''+.....$$

Mais α, α', α'', étant les accroissements de x', x'',... d'après les principes des quadratures paraboliques ci-dessus énoncés, la somme $-B(2\alpha x'+2\alpha' x''...)$, dans les limites de la figure, vaut $-B(A^2-x'^2)$; or x'^2 diffère infiniment peu de a^2; donc l'expression précédente deviendra $a^2b-BA^2+2.\int xy.dx$; en désignant par $\int$ la somme des produits des abcisses par les ordonnées, et par dx l'accroissement de l'abcisse; ce qui donne le résultat de l'intégration par parties, et fait dépendre la sommation $\int x^2 dy$ de $2\int x.ydx$.

Si, au lieu de considérer les carrés des abcisses multipliés par la différence des ordonnées, on avait considéré les cubes de ces abcisses multipliés par les mêmes différences, c'est-à-dire $\int x^3 dy$, une démonstration analogue permettrait de faire dépendre la sommation $\int x^3 dy$ de $3\int x^2 ydx$, et en général $\int x^m dy$ dépendrait de $m\int x^{m-1}y.dx$.

Expliquons, sur deux exemples que choisit Fermat, l'usage qu'il fait de sa transformation; prenons d'abord l'équation du cercle $y^2+x^2=b^2$, il est clair que la somme des y^2 ou plutôt $\int y^2 dx$ est connue par la quadrature de la parabole; car si on pose $y^2=bv$, l'équation précédente deviendra : $bv+x^2=b^2$, et la sommation des v ou $\int vdx$ est l'aire d'une parabole. Supposons qu'il soit question de trouver la sommation des y^3 ou $\int y^3 dx$: cette sommation dépend, d'après ce qui précède, de $3\int y^2x.dy$, posons $y^2x=b^2.z$, d'où $x=\frac{b^2.z}{y^2}$, l'équation du cercle devient, en remplaçant x par cette valeur, $b^4z^2+y^6=b^2y^4$ et la sommation $3\int y^2 x dy$ n'est autre chose que $3\int z.dy$, c'est-à-dire l'aire de la courbe représentée par la dernière équation ; mais pour déterminer cette aire, nous n'avons qu'à poser $z=\frac{yu}{b}$; par suite la dernière sommation sera $\frac{3}{b}\int y.udy$ et l'équation de la courbe $b^2u^2+y^4=b^2y^2$. Mais la sommation précédente n'est autre chose que $\frac{3}{b}\int y^2du=\frac{3}{b}\int yudy$; or si nous posons $y^2=bt$, l'équation de la courbe deviendra $u^2+t^2=bt$, et la sommation $3\int tdu$. Cette sommation est connue, puisque la dernière courbe est le cercle qui a pour rayon $\frac{b}{2}$; en remontant on voit donc que la sommation $\int y^3dx$ dépend uniquement de la quadrature du cercle.

Prenons, pour dernier exemple, la question suivante : soit proposée la courbe $b^3=x^2y+b^2y$: on veut trouver son aire ou la sommation $\int ydx$, posons $yb=z^2$, l'équation deviendra $b^4=(x^2+b^2)z^2$, dans laquelle il s'agit de trouver la sommation $\int\frac{z^2dx}{b}$ qui est la même que $\int ydx$; mais la sommation $\int z^2dx$ dépend de $2\int x.z.dz$, posons $xz=b.u$, d'où $x=\frac{bu}{z}$, l'équation deviendra $b^2=u^2+z^2$. Or, la dernière sommation à trouver étant $2\int x.z.dz$ ou $2b\int u.dz$, revient à l'aire du cercle représenté par l'équation $b^2=u^2+z^2$. Le calcul intégral donne, en effet, un arc de cercle pour l'aire de la courbe, $b^3=(x^2+b^2)y$. Il est curieux de montrer par quelle transformation ingénieuse

Fermat déduit la génération de cette courbe du troisième degré, d'une parabole du second degré.

(*Fig.* 14.) Soit $y^2 = kx$ l'équation de la parabole Am, prenons, à partir de l'origine et sur le prolongement de l'axe des x, trois distances A A′, A′ A″, A″ A‴, égales à c, et élevons aux points A, A′, A″ des parallèles à l'axe des y. Par un point quelconque m de la courbe, menons une parallèle mo, telle que $ma' : a'a'' :: a'a'' : a''o$, ou $x + c : c :: c : a''o = \frac{c^2}{x+c}$, le point o, ainsi déterminé, étant rapporté à deux coordonnées $oa'' = z$, a''A″ $= y$, nous aurons $z = \frac{c^2}{x+c}$; mais par l'équation de la parabole $x = \frac{y^2}{k}$; donc, $z = \frac{c^2 k}{y^2 + kc}$. Si $k = c = b$, on trouve $z = \frac{b^3}{y^2 + b^2}$ identique à l'équation proposée.

Par des transformations analogues, Fermat ramène à la quadrature du cercle la détermination de l'aire de la courbe donnée par l'équation $y^2 = \frac{b^7 x - b^8}{x^6}$. Nous n'insistons pas sur le développement de ce dernier cas, parce que nous en avons dit assez pour faire voir ce que Fermat a inventé dans le calcul des sommations ou dans le calcul intégral. En faisant usage de la progression géométrique décroissante, il intègre les monômes de la forme $x^m dx$, lorsque l'exposant est fractionnaire, positif ou négatif; et, par suite, les fonctions de la forme $(ax^\alpha + bx^\beta + \ldots)dx$. Par une construction qui revient à l'intégration par parties, et en faisant usage de transformations ingénieuses aux équations des courbes, il ramène à la quadrature du cercle l'intégration des fonctions entières du second degré, affectées du radical du second degré, lorsque ces fonctions sont multipliées par des expressions rationnelles.

Dans son mémoire sur la comparaison des lignes courbes

avec les lignes droites, l'illustre géomètre ne donne pas une nouvelle extension à ses méthodes analytiques ; il les applique seulement à un exemple remarquable, et il traite une question nouvelle à son époque : nous nous bornerons à reproduire la substance de la longue dissertation de Fermat.

Dissertation géométrique sur la comparaison des courbes et des lignes droites.

Les géomètres n'ont pas encore égalé une courbe purement géométrique à une ligne droite ; car ce qui a été démontré par un géomètre anglais (Wren), très-subtil ; savoir que le premier arc de la cycloïde est égal au quadruple du diamètre de la circonférence génératrice, parait, de l'avis des plus savants, ne s'appliquer qu'à des questions limitées. Ils admettent, en effet, que c'est une loi de la nature qu'on ne puisse trouver une ligne droite égale à une courbe, à moins qu'on n'ait d'abord supposé une autre droite égale en longueur à une autre courbe ; et ils expliquent par ce moyen la rectification possible de la cycloïde, parce qu'on ne peut disconvenir que la longueur de la circonférence génératrice ne soit égale à la base du premier arc cycloïdal ; mais ce que nous allons expliquer montrera ce qu'il y a de vrai dans ce qu'ils considèrent comme une loi de la nature, et fera voir le danger qu'il y a de convertir en axiomes généraux des résultats déduits de quelques faits particuliers. Nous prouverons, brièvement, qu'une courbe géométrique, qui ne dérive pas d'une autre courbe égalée à une ligne droite, peut cependant être rectifiée.

(*Fig.* 15.) Fermat n'emploie pas, comme Archimède, les périmètres des polygones inscrits et circonscrits à une courbe pour obtenir deux limites de sa longueur. Il considère, par exemple, une courbe Ab, concave vers l'axe Ax, et dont, par suite, les éléments font avec cet axe des angles de plus en plus petits. Cela posé, il prend trois points consécutifs m'', m, m' sur la courbe, tels que menant les ordonnées, leurs distances $p''p$, pp' soient égales. Cela posé, il est clair que si on mène la tangente omk au point m, les deux parties om, mk de cette tangente qui par l'hypothèse sont égales, seront telles que om sera moindre que l'arc de la courbe mm'', et que mk sera plus grand que mm'. En effet, menant deux parallèles mi, $m'c$ à Ax, on voit que mo est une oblique moindre que la corde qui joindrait les points mm'', et qu'*à fortiori* mo sera moindre que l'arc mm''. On voit aussi que $mk > mc + cm'$; mais cette ligne brisée étant enveloppante de mm' est plus grande que cet arc.

Si donc on veut avoir une limite supérieure de la courbe Ab, il suffira de prendre des abcisses Ap'', Ap, Ap' ... et de mener en chaque point de la courbe correspondant, une tangente prolongée jusqu'à l'ordonnée qui suit, en avançant de A vers x. La limite inférieure sera obtenue en menant des tangentes aux mêmes points, et en les prolongeant jusqu'aux ordonnées qui précèdent, de x vers A; si les distances Ap'', $p''p$, pp' ... sont égales, on voit très-bien que les deux sommes de tangentes ne différeront que de l'excès de la première tangente au point A de l'un des systèmes sur la tangente au point b de l'autre système. Or, si les abcisses sont infiniment rapprochées, cette différence étant nulle, il résultera que les deux limites se confondront : on peut donc trouver la longueur de l'arc d'une courbe géométrique, en sommant les tangentes successives à la courbe comprise entre les ordonnées.

Cela établi, Fermat démontre très-simplement que la parabole dont l'équation est $y^2 = \frac{x^3}{k}$ (1) est rectifiable.

(*Fig.* 16.) Pour exprimer la longueur de l'arc parabolique Ab, qui répond à l'équation précédente, en fonction de l'abcisse Ax, menons en un point quelconque m une tangente smn, que nous terminons à l'axe des x et à l'ordonnée qn aussi rapprochée qu'on voudra de mp. Traçons enfin la ligne mi parallèle à l'axe des x et égale à pq, nous pourrons poser les proportions $mn : ms :: mi : sp$; mais la méthode des tangentes de Fermat donne pour la sous-tangente, $sp = \frac{4}{3}x$, x étant l'abcisse Ap du point m, par suite $\overline{ms}^2 = \frac{16}{9}x^2 + \frac{x^3}{k}$. Par la substitution de ces valeurs, la proportion précédente deviendra

$$mn : x\sqrt{\frac{16}{9}+\frac{x}{k}} :: pq : \frac{4}{3}x; \text{ d'où } mn = \left(\frac{3}{4}\sqrt{\frac{16}{9}+\frac{x}{k}}\right).pq.$$

Mais si $\frac{3}{4}\sqrt{\frac{16}{9}+\frac{x}{k}}$ était l'ordonnée d'une parabole dont l'équation serait, $y^2 = 1 + \frac{9}{16}\frac{x}{k}$, on voit que la somme des mn, correspondants à des points consécutifs très-rapprochés de l'arc Ab, serait équivalente à l'aire d'une parabole que Fermat a appris à déterminer, et qui serait égale à : $\frac{k}{2}\left(\frac{16}{9}+\frac{x}{k}\right)\sqrt{\frac{16}{9}+\frac{x}{k}} - \frac{k}{2}\cdot\frac{64}{27}$ (2), expression qu'on peut construire géométriquement comme tous les radicaux du second degré, en rétablissant l'homogénéité. On voit donc que la rectification de la courbe parabolique dépend d'une quadrature d'aire qui est aisée.

Fermat déduit de la parabole qu'il rectifie, une infinité d'autres courbes rectifiables. Si, en effet, l'arc Am dont nous avons donné l'expression (2), était pris pour ordonnée d'une courbe nouvelle qui aurait les mêmes abcisses que la première, courbe qu'on tracerait en prolongeant une ordonnée telle que pm, jusqu'à ce que sa longueur fût égale à l'arc Am, l'équation de la nouvelle courbe serait

$$y=\frac{k}{2}\sqrt{\left(\frac{16}{9}+\frac{x}{k}\right)^3}-\frac{k}{2}\cdot\frac{64}{27} \text{ ou } \left(y+\frac{k.32}{27}\right)=\frac{k}{2}\sqrt{\left(\frac{16}{9}+\frac{x}{k}\right)^3} (3),$$

de même forme que (1), en posant

$y+\frac{32.k}{27}=y'$ et $\frac{16}{9}+\frac{x}{k}=x'$; cette nouvelle courbe sera rectifiable comme la courbe (1), et de cette seconde courbe on en déduit une troisième rectifiable, en conservant toujours les mêmes abcisses, et prenant le nouvel arc rectifié pour ordonnée, et ainsi de suite à l'infini.

DES CONTACTS SPHÉRIQUES.

Fermat se propose ce problème : « trouver une sphère » tangente à quatre sphères données ; » il parvient à sa solution, en résolvant une suite de questions qui sont des cas particuliers du problème général, par une méthode analogue à celle dont Viete avait déjà fait usage pour les contacts des cercles. On a reproché à Fermat de n'avoir pas traité directement le problème qui fait le fond de son travail ; mais il faut remarquer qu'en décomposant la question, elle devient d'une extrême simplicité, et elle n'exige que le secours de la géométrie la plus élémentaire.

1° Déterminer une sphère qui passe par quatre points donnés, A, B, C, D.

(*Fig.* 17.) Trois points A, B, C, déterminent un petit cercle de la sphère et la perpendiculaire *om* élevée au centre *o* du petit cercle sur son plan, passe par le centre de la sphère ; mais si du quatrième point D on mène D*m* perpendiculaire à *mo*, et *ioh* parallèle à D*m*, il est clair que le plan passant par les droites *ih*, D*m* sera un plan de grand cercle, et que par suite le centre *s*, d'une circonférence passant par les points D, *i*, *h*, sera le centre de la sphère.

2° Déterminer une sphère, passant par trois points A, B, C, et tangente à un plan donné.

(*Fig.* 18.) On connait, comme dans le cas précédent, le petit cercle ABC et la perpendiculaire *om* qui contient le centre de la sphère; cette ligne coupe le plan donné en *m*, et si on abaisse *ok* perpendiculaire à ce plan, la droite *km* sera tangente au grand cercle de la sphère, dont le plan passe par *om*, *ko*. Supposons que *ef* soit l'intersection de ce plan avec le petit cercle, le grand cercle tangent *akm* passera par les points *e* et *f*. Pour trouver le point de contact, c'est-à-dire un quatrième point de la sphère, il suffira de mener par les deux points *e*, *f* une circonférence tangente à la droite *km*, problème très-simple.

(*Fig.* 19.) 3° Déterminer une sphère passant par trois points A, B, C, et tangente à la sphère du rayon *ig*. Faisant les constructions précédentes, il est clair que le contact des deux sphères aura lieu sur la ligne *si* qui joint le centre cherché *s* avec *i*; mais *ef* étant parallèle à *im*, le plan *imo* du grand cercle coupera les deux sphères suivant deux cercles tangents. Par suite, pour trouver le centre *s*, il faudra, par les points *e*, *f*, mener une circonférence tangente à la circonférence *ig*, problème connu.

4° Trouver une sphère tangente à quatre plans donnés.

5° Déterminer une sphère qui touche trois plans P, P′, P″ et qui passe par un point donné A, on mènera deux plans qui divisent les dièdres PP′, PP″ en deux parties égales, et on trouvera une droite *m* passant par le centre de la sphère cherchée; si du point A on abaisse, A*o* perpendiculaire à cette droite, la circonférence de rayon A*o* sera sur la sphère, qui sera déterminée par le 2°, puisque cette sphère passera par trois points quelconques de la circonférence, et qu'elle sera tangente à un des plans P, P′, P″.

6° On veut déterminer une sphère tangente à trois plans et à une sphère donnée.

(*Fig.* 20.) La sphère a pour centre *i* et pour rayon *ic*.

Nous mènerons trois plans A, A′, A″ parallèles aux plans donnés, et qui en soient distants du rayon ic; cela fait, nous construirons une sphère tangente aux trois plans A, A′, A″ et passant par le point i. Le centre o de cette sphère sera aussi le centre de la sphère cherchée.

7° On donne deux plans P, P′ et deux points A, B; on veut trouver une sphère tangente aux deux plans et passant par les deux points : le centre de la sphère cherchée sera sur le plan bissecteur du dièdre PP′, et sur le plan perpendiculaire au milieu de la corde qui joint les points A, B. Ces deux plans se couperont suivant une droite m; par conséquent, si on mène des points A, B des perpendiculaires sur la droite m, on aura les rayons de deux petits cercles de la sphère; quatre points pris sur ces cercles ramèneront la question actuelle au premier problème.

(*Fig.* 21.) 8° Quelques lemmes très-simples, qui s'appliquent également à la circonférence et à la sphère, sont nécessaires pour la solution des cas suivants : soient deux circonférences dont les centres sont o, o', dans un même plan; et un point p tel que les distances po, po', soient comme des rayons ao, $a'o'$; de la proportion $po : po' :: ao : a'o'$ on déduit $po + ao : po' + a'o' :: po - ao : po' - a'o'$, ou $pb : pb' :: pa : pa'$; il serait facile de voir qu'on aurait $pd : pd' :: pc : pc'$ pour une sécante quelconque $pcdc'd'$; cette propriété a aussi lieu pour deux sphères. Mais $pc.pd = pa.pb$, $pc'.pd' = pa'.pb'$; multipliant ces égalités membre à membre et tenant compte des proportions établies, on verra que $pc.pd' = pa.pb'$ et $pd.pc' = pb.pa'$.

(*Fig.* 22.) Soient deux sphères de centre y, x et $vmxym'$, la ligne qui joint leurs centres; supposons que le point v est tel que $vx : vy :: xm : ym'$; tirons une droite quelconque vts, telle que $vm'.vm = vs.vt$. Cela posé, faisons passer par les deux points t, s une sphère quelconque qui touche la sphère de centre y au point k' ; on pourra conclure qu'elle touchera aussi la sphère de centre x au point k; car il est évident que $vk'.vk=vm'.vm=vs.vt$. Si la sphère ne passait pas au point k, mais par exemple au point z, on aurait alors $vk'.vz=vs.vt$, qui serait en contradiction avec l'égalité précédente. Or, puisque le contact a lieu en autant de points qu'on voudra infiniment voisins de k', la sphère passera en une infinité de points contigus au point k; elle sera donc tangente à la sphère de centre x.

(*Fig.* 23.) 9° On a une sphère et un plan; si du centre o on mène ob perpendiculaire à ce plan, et une sécante quelconque fga terminée au plan, et qu'on joigne ab, gd, puisque les angles b, g du quadrilatère $abdg$ sont droits, on aura, $fb.fd=fa.fg$; de cette simple observation on peut déduire le théorème suivant; si par le point f, on tire une sécante fhi, de telle sorte que $fh.fi=fb.fd$, et si par les points h, i on mène une sphère qui touche le plan donné en k', elle touchera la sphère de centre o en k; car si elle passait en z, comme un cercle de cette sphère pourrait être mené par les quatre points h, i, z, k', il en résulterait que $fk'.fz=fk'.fk=fb.fd$, ce qui est absurde; donc, etc., etc.....

(*Fig.* 24.) 10° Déterminer une sphère qui touche le plan ab, la sphère od, et qui passe par deux points m, h. Abaissons sur le plan la perpendiculaire $eodb$, et après avoir joint he, cherchons un point g tel que $eb.ed=eh.eg$. Cela posé, si nous faisons passer par les trois points g, h, m une sphère tangente au plan ab; en vertu du lemme du 9°, la sphère qui touchera le plan en un point k' touchera aussi la sphère od en un point k.

(*Fig.* 25.) 11° Soient deux sphères de centre o, o' et de rayon ob, $o'b'$, et deux points m, h; on veut trouver une sphère qui, passant par les points m, h, touche les sphères données. Sur ph on cherche un point g, tel que $ph.pg=pb'.pa$, par les trois points m, h, g, on fait passer une sphère tangente à la sphère $o'b'$ (problème 3°), si le point de contact est par exemple k', la sphère de rayon ob sera touchée au point k. En effet, d'après le lemme 8°, $pb'.pa=pk'.pk=ph.pg$ (le point p est déterminé par la proportion $po:po'::oa:o'a'$) le cercle de la sphère déterminé par les deux droites ph, pk' passera donc en k, et comme on pourrait faire le même raisonnement pour tous les points contigus à k', on conclut que k sera un point de contact.

(*Fig.* 26.) 12° On donne un point h, une sphère of, et deux plans ca, ab; on veut déterminer une sphère qui passe par le point h et qui soit tangente aux deux plans et à la sphère donnée. Je prends sur hf, un point g tel que $fb.fe=fh.fg$. Je fais ensuite passer par les deux points h, g une sphère tangente aux deux plans ca, ab, il est clair que d'après le 9° elle touchera la sphère donnée en k, si elle touche le plan ab en k'. Si on veut déterminer une sphère tangente à trois sphères données et passant par le point h, joignant les centres $o'o$ de deux des sphères données (fig. 25), déterminant le point p comme dans le cas de cette figure et joignant le point p avec h, on déterminera g par la condition $ph.pg=pb'.pa$; si par les points g, h on mène une sphère tangente à la sphère de centre o', et à la troisième sphère donnée, elle sera aussi tangente à la sphère de centre o.

13° Trouver une sphère tangente à deux plans P, P′ et à deux sphères de rayons R, r; on mène deux plans A, A′ distants de P, P′ de la quantité r, on diminue le rayon R de r, et on réduit la sphère de rayon r à son centre. Si on trouve une sphère tangente aux deux plans A, A′, à la sphère de rayon $R-r$ et passant par le centre de la sphère de rayon r, on aura par cette fausse position le centre de la sphère cherchée.

14° Déterminer une sphère tangente à trois sphères de rayons R, r, r' et au plan P. $R > r > r'$, on réduira la sphère de rayon r' à son centre, on mènera un plan A parallèle à P et distant de r'; enfin on cherchera une sphère tangente au plan A aux sphères de rayons $R - r'$, $r - r'$ et passant par le centre de la troisième sphère; par cette fausse position le centre de la sphère cherchée sera trouvé.

15° On donne quatre sphères dont les rayons sont R, r, r', r'', et on veut déterminer une cinquième sphère qui leur soit tangente. Supposons $R > r > r' > r''$, réduisons la quatrième sphère donnée à son centre, et considérons trois sphères concentriques aux premières, et dont les rayons soient $R - r''$, $r - r''$, $r' - r''$. On déterminera une sphère tangente à ces trois dernières et passant par le centre de la sphère de rayon r'', son centre sera le centre de la sphère cherchée.

DEUX LIVRES D'APOLLONIUS DE PERGE, RÉTABLIS PAR PIERRE FERMAT.

Pappus affirme qu'Apollonius avait écrit deux livres sur les lieux plans; il en donne les énoncés au commencement de son septième livre; mais ces énoncés sont en termes obscurs, et le texte est souvent altéré. Fermat, d'après ces indications, rétablit les deux livres d'Apollonius, et il démontre géométriquement la série de propositions que nous allons énoncer, supprimant les démonstrations qu'il n'est pas difficile de trouver.

1re PROPOSITION. On donne une courbe et un point a; on mène une droite am du point a à un point quelconque de la courbe, et sur am on prend un point i tel que am soit à ai dans un rapport constant; trouver le lieu du point i. Fermat construit le lieu lorsque la courbe donnée est un cercle.

2e PROPOSITION. On donne un point a et une ligne courbe; on joint le point a avec un point quelconque m de la courbe par une droite am; on prend sur am un point i, tel que $am.ai = k^2$, k^2 étant une aire donnée ; trouver le lieu du point i.

3e PROPOSITION. On joint le point a donné avec un point quelconque m d'une courbe donnée, et on mène une ligne ai par le point a, faisant avec am un angle constant ν, et telle 1° que $ai : am :: q : 1$, ou 2° que $ai.am = k^2$; trouver le lieu du point i dans chacun des deux cas.

4e PROPOSITION. On donne deux points a, b, et une courbe; on joint le point a à un point m de la courbe; par le point b, on mène une droite bi qui rencontre am prolongé sous un angle donné ν, et qui soit telle, 1° que $bi : am :: q : 1$; 2° que $bi . am = k^2$... trouver le lieu du point i.

5e PROPOSITION. On donne trois lignes indéfinies ab, cd, ef; d'un point i on mène à ces droites trois lignes am, ap, as, qui les rencontrent sous des angles donnés α, β, γ; trouver le lieu du point i, déterminé de telle sorte que $am + ap : as :: q : 1$.

Nota. — Apollonius applique ces énoncés généraux aux cas particuliers où les lignes données sont des droites ou des circonférences.

Livre second d'Apollonius.

1° Sur une ligne droite on prend trois points a, b, c, et en dehors de cette droite un point i, tel que $\overline{ai}^2 + \overline{bi}^2 - \overline{ci}^2 = k^2$; k^2 étant une aire donnée, le lieu du point i sera une circonférence.

2° Si on prend deux points a et b sur une droite et un point i en dehors, tel que le rapport $\frac{ai}{bi}$ soit constant, le lieu du point i sera une circonférence.

3° Si on a autant de points qu'on voudra a, b, c, d, sur une ligne droite, et si on détermine un point i par la condition que $\overline{ai}^2+\overline{ib}^2+\overline{ic}^2+\ldots=k^2$, le lieu du point i sera une circonférence.

4° On donne deux points a et b sur une droite ab; on veut déterminer un point i, tel qu'en abaissant de ce point une perpendiculaire ip sur ab, on ait la relation constante $\overline{ai}^2+\overline{bi}^2=ap.ab$, trouver géométriquement le lieu du point i.

5° a, b, sont deux points pris sur une droite; on décrit du point o, milieu de ab, une circonférence qui ait pour diamètre ab. Ce diamètre est prolongé de b vers a, jusqu'en un point c, tel que $ac\times ab=\overline{oc}^2$. Si du point c on élève une perpendiculaire indéfinie sur le diamètre ainsi prolongé, et si on prend sur cette perpendiculaire un point quelconque m, la sécante au cercle menée par le point m, et passant par le centre, sera telle que le produit de sa longueur totale par le diamètre vaudra $\overline{om}^2$.

DOCTRINE DES PORISMES D'EUCLIDE, RENOUVELÉE ET PRÉSENTÉE PAR LES NOUVEAUX GÉOMÈTRES SOUS FORME D'INTRODUCTION.

Pappus a énuméré, au commencement de son septième livre, les ouvrages des géomètres qui se rapportent ad τόπον ἀναλυόμενον, et qui ont tous péri par l'injure du temps, à l'exception du livre unique des *Données d'Euclide*, et des quatre premiers livres des Coniques d'Apollonius. Les géomètres modernes se sont appliqués à rétablir, le mieux possible, ces ouvrages que le temps destructeur n'a pu entièrement supprimer, et en premier lieu le géomètre très-subtil François Viete, qu'on ne peut assez louer, nous a rendu, dans un seul petit livre qu'il a donné sous le titre d'*Apollonius*

Gallus, les livres d'Apollonius, περὶ ἐπαφῶν. Excités par cet exemple, *Marius Ghetaldus* et *Willebrordus Snellius*, se sont appliqués à de semblables recherches, et cela avec succès, car, grâce à leurs travaux, à peine avons-nous quelque chose à désirer relativement aux livres d'Apollonius, λόγου ἀποτομῆς, χωρίου ἀποτομῆς, διορισμένης τομῆς et νεύσεων. D'autres géomètres, dont le nom n'est pas inconnu, se sont aussi attachés à ce sujet, et leurs travaux, quoique manuscrits et encore inédits, n'ont pu être entièrement ignorés; mais il restait encore la doctrine des Porismes d'Euclide, dont l'explication n'avait pas été tentée, et qui était comme désespérée. Et quoique Pappus affirme que c'est un ouvrage très-ingénieux et très-utile pour la résolution des problèmes les plus obscurs, les géomètres qui nous ont précédés et ceux de notre époque, n'ont compris ni les énoncés ni l'objet de ces porismes; mais comme nous marchions en aveugles dans ces ténèbres, cherchant par quelle voie nous pourrions être aidés dans ces questions géométriques, elle s'est montrée à nous avec évidence, et son obscurité a été éclairée d'une vive lumière, et nous n'avons pas dû laisser inconnu à nos successeurs un spécimen de ces nouveautés et de ces inventions; à une époque où l'astre suédois éclaire toutes les doctrines, ce serait en vain que nous cacherions quelques mystères scientifiques, car rien n'est impénétrable au génie plein de sagacité de cette incomparable reine, et il ne nous est pas permis de celer une doctrine dont elle aurait pu (nous n'en doutons pas) ordonner ou inspirer la découverte par un seul signe de sa volonté; mais pour que tout ce qui concerne les porismes soit établi avec clarté, nous avons choisi quelques propositions porismatiques, et nous les livrons avec confiance à l'examen des géomètres, pour qu'enfin on connaisse ce que c'est qu'un porisme et à quel usage il peut servir.

(*Fig.* 27.) 1° Deux droites *on*, *dc*, se coupent en *o*; on donne deux points *a*, *b*, et par ces points on mène deux parallèles *bc*, *af* à la droite *dc*, qui coupent la droite *on* aux points *c* et *f*. Cela posé, joignons la droite *ae* que nous prolongerons jusqu'en *d*, et la droite *fb* que nous prolongerons jusqu'en *c*. Si de plus on prend un point *v* quelconque sur la droite *on* et qu'on mène les droites *av*, *bv*, qui coupent *dc* en *s* et *r*, le rectangle formé par les deux longueurs *cr*, *ds*, vaudra toujours le rectangle formé par les deux longueurs *co* et *od*, et par suite le rectangle $cr \times ds$ sera toujours égal à une aire donnée (quel que soit le point *v*).

(*Fig.* 28.) 2° Considérons une parabole dont *beo* est un diamètre quelconque; prenons deux points *a* et *n* fixes sur cette courbe que nous joindrons à un point *d* mobile sur cette même courbe par les droites *ad*, *dn*; quelle que soit la position des droites *ad*, *nd*, les deux segments *ob*, *be* qu'elles forment sur un même diamètre auront toujours le même rapport.

(*Fig.* 29.) 3° On donne un cercle et son diamètre *ad*; on mène une parallèle *mn* à ce diamètre, et des points fixes *n* et *m* de la circonférence, des cordes *nb*, *bm* qui se croisent en *b*; ces cordes couperont le diamètre aux points *o*, *v*, tels que le rectangle $ao \times dv$ aura un rapport constant avec le rectangle $av \times do$, quelle que soit la position du point *b*.

(*Fig.* 30.) 4° Soit un cercle *ich*, dont le diamètre est *ih*, le centre *d*, et *dc* une perpendiculaire au diamètre; prenons sur le diamètre prolongé deux points *b* et *a*, tels que $ai = bh$, et sur ce diamètre deux points symétriques *l*, *r*, tels que $di : ai :: dl : li$, et $dh : hb :: dr : rh$. Cela posé, menons la perpendiculaire *af* au diamètre, égale à *ac*; menons aussi la perpendiculaire $bg = af$;

enfin, joignons les points f, g, avec un point quelconque e de la circonférence, les droites fe, eg couperont le diamètre aux points m et n. Je dis qu'on aura rm^2+ln^2 égal à un espace constant. La construction pourrait aussi se faire en menant deux perpendiculaires lp, rz au diamètre, égales à cl; joignant dans ce cas les points z et p à un point quelconque v de la circonférence, les droites pv, zv couperont le diamètre aux points k et t, et la somme at^2+bk^2 sera égale constamment au premier espace donné.

(*Fig.* 31.) 5° Soit un cercle rac, dont le diamètre est rdc, le centre d et le rayon da perpendiculaire au diamètre; soient pris sur le diamètre deux points b, z équidistants du centre, et après avoir joint az, menons les perpendiculaires zm, bo au diamètre égales à az; enfin joignons les points m, o avec le point h par deux droites mh, oh qui coupent le diamètre aux points e et n, la somme de eh^2+hn^2 sera à l'aire du triangle ehn dans un rapport constant, et ce rapport sera celui de az au quart de zd.

D'après les porismes que nous venons de rapporter, et dont personne ne disconviendra que les énoncés sont très-beaux et très-élégants, on peut rechercher la nature du porisme, qui d'ailleurs se montre d'elle-même.

Il peut, en effet, être énoncé sous forme de problème ou de théorème, et si nous les avons énoncés comme théorèmes, rien n'empêche de les transformer en problèmes; par exemple, le cinquième porisme peut être ainsi conçu : Etant donné un cercle de diamètre rc, chercher deux points mo tels que menant de ces points deux droites mh, ho à un point quelconque de la circonférence, on ait toujours (eh^2+hn^2) : aire (hen) dans un rapport constant, et la construction sera aisée si on fait que za soit au quart de zd dans ce rapport donné.

Ce que remarque Pappus, d'après l'opinion des géomètres les plus récents, que le porisme manque de l'hypothèse d'un théorème local (*porisma, deficere hypothesi à locali theoremate*), révèle la nature spécifique du porisme; et assurément, presque sans aucun autre secours que celui que fournissent ces paroles, nous pénétrerons les secrets de cette matière.

Lorsque nous cherchons un lieu, nous voulons trouver une ligne droite ou une ligne courbe, encore inconnue, jusqu'à ce que nous ayons fixé la position de cette ligne, objet de nos recherches; mais lorsque, d'un lieu supposé connu et donné, nous recherchons un autre lieu, ce nouveau lieu est appelé, par Euclide, porisme; et c'est pour cette raison que Pappus a ajouté, avec vérité, que les lieux eux-mêmes avaient ce nom, et étaient une espèce de porismes. Nous établirons notre définition sur un exemple unique : dans la figure du 5me porisme; une droite rc étant donnée, si on cherche une courbe rac dont la propriété soit que le carré de la perpendiculaire ad, abaissée d'un quelconque de ses points, soit égal au rectangle $rd \times dc$, nous trouverons que la courbe rac est une circonférence de cercle. Mais si de ce lieu déjà donné nous en cherchons un autre, par exemple le lieu indiqué par le problème posé dans le 5me porisme, ce nouveau lieu, et une infinité d'autres, qu'un analiste ingénieux pourra former et déduire du lieu connu, sera nommé porisme.

Puisque, d'après ce que nous avons dit, les porismes sont des lieux, nous corrigerons, d'après le texte grec, l'erreur du traducteur latin de Pappus, dans cet endroit où il dit que l'emploi du porisme est très-utile pour la résolution des problèmes les plus obscurs, et de leurs genres, qui n'embrassent pas cette multitude que fournit la nature (*ac eorum generum quæ haud comprehendunt, eam quæ multitudinem præbet naturam*). Comme ces dernières paroles n'admettent pour ainsi dire aucun sens, il faut recourir à l'auteur lui-même dont les paroles dans les textes manuscrits sont les suivantes : πορίσματα εστὶ πολλοῖς ἄθροισμα φιλοτεχνότατον εἰς τὴν ἀναλυσιν τῶν ἐμβριθεστέρων προβλημάτων καὶ τῶν γενῶν ἀπερίληπτον τῆς φύσεως παρεχομένης πλῆθος. Il dit, en conséquence, que les porismes se rapportent à l'analyse des problèmes les plus obscurs et des genres, c'est-à-dire des problèmes les plus généraux; il paraît par ces mots que les propositions des porismes sont les plus générales ; ensuite il ajoute, que la nature (de ces problèmes) fournit une multitude qui peut être à peine comprise par l'esprit, par lesquelles paroles il veut indiquer les solutions en nombre infini et merveilleusement rapprochées du même problème. Pour le porisme, qu'il soit considéré comme théorème ou comme problème, il dérive d'une méthode purement analytique, et par son secours, non-seulement nous avons trouvé et construit les cinq porismes précédents, mais nous en avons démontré plusieurs autres ; et si ce peu que nous avons publié comme introduction et prodrômes d'un ouvrage plus soigné, est agréable aux savants, nous rétablirons un jour trois livres entiers de porismes; nous étendrons nos recherches plus loin qu'*Euclide* lui-même, et nous ferons connaître des porismes dans les sections coniques et dans les autres courbes, assurément merveilleux et encore inconnus.

PRÉCIS

DES SIX LIVRES

DE L'ARITHMÉTIQUE DE DIOPHANTE

AVEC LES OBSERVATIONS DE P. FERMAT.

1er LIVRE.

DIOPHANTE établit d'abord quelques définitions, qu'il est inutile de rappeler, et il admet la règle des signes, qu'on démontre dans la multiplication algébrique, comme un axiome.

Les solutions des problèmes que Diophante propose doivent être rationnelles, c'est-à-dire entières ou fractionnaires.

I. Diviser un nombre donné en deux parties, qui diffèrent entre elles d'un nombre donné.

II. Diviser un nombre donné en deux parties, qui soient entre elles dans un rapport donné.

III. Diviser un nombre donné en deux parties, telles que la plus grande soit égale au triple de la plus petite, plus quatre unités.

IV. Trouver deux nombres qui soient dans un rapport donné et qui diffèrent d'une quantité donnée.

V. Diviser un nombre en deux parties, telles qu'une fraction de la première partie, ajoutée à une fraction de la seconde, fasse un nombre donné.

VI. Diviser un nombre en deux parties, telles qu'une

fraction de la première, diminuée d'une fraction de la seconde, fasse une différence donnée.

VII. Trouver un nombre tel, qu'en le diminuant successivement de deux nombres donnés, les deux restes soient dans un rapport assigné.

VIII. Trouver un nombre tel, qu'en l'augmentant successivement de deux nombres donnés, les deux sommes soient dans un rapport assigné.

IX. Trouver un nombre tel, qu'étant retranché de deux nombres donnés, les deux restes soient dans un rapport assigné.

X. On donne deux nombres, on veut en trouver un troisième tel, qu'étant ajouté avec le plus petit, et soustrait du plus grand, la somme et la différence soient dans un rapport assigné.

XI. Trouver un nombre tel, qu'étant augmenté d'un nombre, ou diminué d'un autre nombre donné, la somme et la différence soient dans un rapport donné.

XII. Un nombre est donné, il faut le diviser de deux manières en deux parties telles, qu'une partie du premier mode de division ait un rapport assigné avec une partie du second mode, et que les deux parties restantes aient aussi entre elles un rapport déterminé.

XIII. Diviser un nombre donné en deux parties de trois manières différentes telles, qu'une partie du premier mode de division soit à une partie du second mode dans un rapport donné; que, de plus, la partie restante du second mode ait un rapport donné avec une partie du troisième, et qu'enfin la partie restante du troisième mode ait un rapport donné avec la partie restante du premier mode.

XIV. Trouver deux nombres tels, que leur produit ait un rapport donné avec leur somme.

XV. Trouver deux nombres tels, que si on augmente chacun d'eux d'un nombre donné différent, pris en moins sur l'autre, chaque somme soit à chaque reste dans un rapport donné.

XVI. Trouver trois nombres tels, qu'étant ajoutés deux à deux, les trois sommes soient égales à des nombres assignés.

XVII. Trouver quatre nombres tels, que les quatre sommes obtenues, en les ajoutant trois à trois, soient égales à des nombres donnés.

XVIII. Trouver trois nombres tels, que les sommes de deux quelconques surpassent le nombre restant de nombres donnés.

XIX. Diophante donne une seconde solution de la question XVIII.

XX, XXI. Trouver quatre nombres tels, que la somme de trois surpasse celui qui reste d'un nombre assigné.

XXII. Diviser un nombre donné en trois parties telles, que la somme des deux premières ait un rapport donné avec la troisième.

XXIII, XXIV. Trouver trois nombres tels, que le plus grand surpasse le moyen d'une fraction donnée du plus petit, que le moyen surpasse le plus petit de la même fraction du plus grand, et qu'enfin le plus petit surpasse d'un nombre donné la même fraction du moyen.

Par exemple : les nombres 45, $37+\frac{1}{2}$, $22+\frac{1}{2}$ sont tels que le plus grand 45 surpasse le moyen du tiers du plus petit, que le moyen surpasse le plus petit du tiers de 45, et qu'enfin le plus petit surpasse de 10 le tiers du moyen.

XXV. Trouver trois nombres tels, que, si on diminue chacun d'une certaine fraction de sa valeur et qu'on en augmente le suivant, les trois résultats obtenus soient des nombres égaux.

Par exemple : le premier nombre cédera le tiers de sa valeur au second, le second cédera le quart de sa valeur au troisième, et ce dernier le cinquième de sa valeur au premier; après cet échange, les résultats seront des nombres égaux. — Solution, 6, 4, 5.

XXVI. Trouver quatre nombres tels, que chacun cédant au suivant une fraction de sa valeur, les résultats après les échanges effectués, soient égaux.

XXVII. Trouver trois nombres tels, qu'un quelconque étant augmenté d'une fraction assignée de la somme des deux autres, les résultats soient des nombres égaux.

Exemple. Le premier sera augmenté du $\frac{1}{3}$ de la somme des deux autres, le second du $\frac{1}{4}$ de la somme des deux autres, le troisième du $\frac{1}{5}$ de la somme des deux autres. Nombres de Diophante, 13, 17, 19.

XXVIII. La question XXVII appliquée à quatre nombres : ici chacun est augmenté d'une fraction de la somme des trois autres.

XXIX. Deux nombres étant donnés, en trouver un troisième tel, qu'étant multiplié successivement par les deux premiers, un des produits obtenus soit le carré de l'autre.

Exemple. Nombres donnés, 200, 5; nombre cherché, N. On veut que 200 N soit égal au carré de 5 N, ou que 200 = 25 N, d'où N = 8.

XXX. On donne la somme et le produit de deux nombres : trouver ces deux nombres.

Solution. Soit p la somme des deux nombres, q leur produit. Diophante prend pour inconnue x, différence deux nombres, et il remarque que le produit donné $q = \frac{p^2 - x^2}{4}$, d'où il déduit x. En général, Diophante ramène l'équation du second degré à la forme $x^2 = k$; et pour cet effet, il fait constamment usage de cette relation algébrique qu'il énonce sur des nombres particuliers : $\left(\frac{a+b}{2}\right)^2 - \left(\frac{a-b}{2}\right)^2 = a \cdot b$.

XXXI. Trouver deux nombres tels, que leur somme et la somme de leurs carrés fassent des nombres donnés.

Exemple. La somme des deux nombres sera 20, la somme de leurs carrés 208. Un des nombres sera $10 + N$, l'autre $10 - N$, la somme de leurs carrés ; $2N^2 + 200 = 208$, $N = 2$.

XXXII. Trouver deux nombres tels, que leur somme et la différence de leurs carrés fassent des nombres donnés.

XXXIII. On donne le produit et la différence de deux nombres, trouver ces deux nombres. (Prendre la somme des deux nombres pour l'inconnue.)

XXXIV. Trouver deux nombres ayant entre eux un rapport donné, et tels que la somme de leurs carrés soit à la somme des nombres dans un rapport donné.

Exemple. Le second sera triple du premier N ; ce second sera 3N ; la somme de leurs carrés $10N^2$ vaudra par exemple cinq fois la somme 4N des nombres ; on aura donc $10N^2 = 20N$, d'où $N = 2$.

XXXV. Trouver deux nombres en rapport donné tels, que la somme de leurs carrés ait un rapport assigné avec la différence des deux nombres.

XXXVI. Trouver deux nombres en rapport donné tels,

que la différence de leurs carrés soit à la somme des nombres dans un rapport assigné.

XXXVII. Trouver deux nombres en rapport donné tels, que la différence de leurs carrés soit, dans une raison donnée, avec la différence des deux nombres.

XXXVIII. Trouver deux nombres en raison donnée tels, que le carré du plus petit soit dans un rapport donné avec le plus grand.

XXXIX. Trouver deux nombres en raison donnée tels, que le carré du plus petit soit dans un rapport donné avec ce nombre lui-même.

XL. Trouver deux nombres en raison donnée tels, que le carré du plus petit ait un rapport assigné avec la somme des deux nombres.

XLI. Trouver deux nombres en raison donnée tels, que le carré du plus petit ait un rapport assigné avec la différence des deux nombres.

XLII. Trouver deux nombres en raison donnée tels, que le carré du plus grand ait un rapport assigné avec le plus petit.

XLIII. Deux nombres étant donnés, en trouver un troisième tel, que deux de ces trois nombres étant ajoutés, et leur somme étant multipliée par le nombre qui reste, les trois résultats classés par ordre de grandeur soient en progression arithmétique.

Exemple. Nombres donnés, 3, 5; nombre cherché, N; il faudra que : $8N$, $(5+N)3$, $(3+N)5$, soient en progression arithmétique, ou que $15-5N=2N$, d'où $N=2+\frac{1}{7}$.

LIVRE II.

I. Trouver deux nombres tels, que leur somme soit dans un rapport donné avec la somme de leurs carrés.

II. Trouver deux nombres tels, que leur différence soit à la différence de leurs carrés dans un rapport donné.

III. Trouver deux nombres tels, que leur produit soit dans un rapport donné avec leur somme ou avec leur différence.

IV. Trouver deux nombres tels, que leur somme soit à la somme de leurs carrés dans un rapport donné.

V. Trouver deux nombres tels, que leur différence soit à la différence de leurs carrés dans un rapport donné.

VI. On donne la différence de deux nombres et la différence de leurs carrés. Trouver ces nombres.

VII. Trouver deux nombres tels, que leur différence soit dans un rapport donné avec la différence de leurs carrés, et que cette dernière différence surpasse la première d'un nombre donné.

VIII, IX. Diviser un carré donné en deux autres carrés.

Exemple. Soit 16 le carré donné, j'appellerai N^2 et $16-N^2$ les carrés cherchés, il reste à trouver N, de telle sorte que $16-N^2$ soit un carré. Je pose $16-N^2=(2N-4)^2$ d'où $N=\frac{16}{5}$.

OBS. DE FERMAT. *Décomposer un cube en deux autres cubes, une quatrième puissance, et généralement une puissance quelconque en deux puissances de même nom au dessus de la seconde puissance, est une chose impossible, et j'en ai assurément trouvé l'admirable démonstration. La marge trop exiguë ne la contiendrait pas.*

X. Diviser un nombre qui est la somme de deux carrés en deux autres carrés.

Exemple. Soit le nombre donné $13=4+9$, j'appelle $(2+N)^2$ et $(2N-3)^2$ les deux carrés cherchés; on devra avoir: $4+9=(2+N)^2+(2N-3)^2$, d'où $N=\frac{8}{5}$.

OBS. DE FERMAT. *Un nombre composé de la somme de deux cubes ne pourrait-il pas être décomposé en deux autres cubes? Cette question difficile n'a pas été assurément connue de Viete, de Bachet, et peut-être même de Diophante; j'en ai cependant donné la solution dans les notes, à la deuxième question du Livre IVe.*

XI. Trouver deux carrés qui diffèrent d'un nombre donné.

Exemple. Soit 60 la différence des deux carrés, je représente le premier par N^2, le second par $(N+\alpha)^2$, α étant quelconque; leur différence $2N\alpha+\alpha^2=60$; donnant à α des valeurs arbitraires, telles que $\alpha^2<60$, on déterminera la valeur N positive.

XII. A deux nombres donnés, ajouter un nombre inconnu, de telle sorte que les deux sommes soient des carrés.

Exemple. Soient 2 et 3 les nombres donnés, N le nombre cherché; d'après l'énoncé on aura la double égalité : $3+N=x^2$, $2+N=y^2$, d'où il résulte que $1=x^2-y^2=(x-y)(x+y)$, mais $1=4.\frac{1}{4}$ je puis égaler $x+y$ à 4 et $x-y$ à $\frac{1}{4}$, d'où $x=\frac{17}{8}$, $y=\frac{15}{8}$, par suite $N=\frac{97}{64}$.

Une autre solution dispense de la double égalité. Désignons le nombre cherché par N^2-2, en l'ajoutant à 2 on aura le carré N^2, en l'ajoutant à 3 on aura N^2+1 qui devra être un carré. Je pose $N^2+1=(N-4)^2$ d'où $N=\frac{15}{8}$ qui résoudra le problème.

XIII. On donne deux nombres; on veut en trouver un troisième tel, qu'étant soustrait de chacun des deux premiers, les deux restes soient des carrés.

XIV. Trouver un nombre tel, qu'étant diminué de deux nombres donnés, les deux restes soient des carrés.

XV. Diviser un nombre donné en deux parties, et trouver un carré tel, qu'étant ajouté à chacune d'elles, les deux sommes soient des carrés.

XVI. Diviser un nombre en deux parties, et trouver un carré tel, qu'étant retranché de chacune de ces parties, les deux restes soient des carrés.

XVII. Trouver deux nombres dans un rapport donné et tels, que si on augmente chacun d'eux d'un carré donné, les deux sommes soient des carrés.

XVIII, XIX. Trouver trois nombres tels, qu'une fraction de chacun d'eux, plus un nombre donné étant ajoutés au nombre suivant, les trois résultats obtenus après ces opérations soient égaux.

Exemple. Les trois nombres doivent être tels, que le second étant augmenté du $\frac{1}{5}$ du premier plus 6, le troisième du $\frac{1}{6}$ du second plus 7, le premier du $\frac{1}{7}$ du troisième plus 8, les trois résultats soient égaux.

XX. Trouver trois carrés tels, que la différence du plus grand et du moyen ait un rapport donné avec la différence du moyen et du plus petit.

Exemple. Le rapport donné est trois, le plus petit carré sera N^2, le carré moyen $(N+1)^2$; comme la différence de ces carrés est $2N+1$, d'après la valeur du rapport donné, l'excès du plus grand carré sur le moyen vaudra $(2N+1)3$, le plus grand carré sera donc $(N+1)^2+6N+3$. Il faut trouver une valeur particulière de N qui rende cette dernière expression un carré; Diophante l'égale à $(N+3)^2$ et il obtient $N=2\frac{1}{2}$.

XXI, XXII. Trouver deux nombres tels, que le carré de chacun d'eux étant augmenté de l'autre, les deux sommes soient des carrés. Pour la question XXII on retranche au lieu d'ajouter.

XXIII, XXIV. Trouver deux nombres tels, que le carré de chacun étant augmenté de la somme de deux, les deux résultats soient des carrés. Pour la question XXIV les carrés sont diminués de la somme des nombres.

XXV, XXVI. Trouver deux nombres tels, que si le carré de leur somme est augmenté de l'un ou de l'autre nombre, les sommes soient des carrés. Pour la question XXVI on retranche au lieu d'ajouter.

XXVII, XXVIII. Trouver deux nombres tels, que si à leur produit on ajoute l'un ou l'autre nombre, les sommes soient des carrés. Il faut aussi que la somme des côtés des carrés soit égale à un nombre donné. Pour la proposition XXVIII du produit des deux nombres, on retranche l'un ou l'autre nombre.

Exemple de la prop. XXVII. La somme des côtés des carrés doit être égale à 6; j'appelle les nombres cherchés N, $4N-1$, leur produit augmenté de chacun d'eux, donne $4N^2$, et $4N^2+3N-1$ qui doivent être des carrés; il suffit pour cela de déterminer N en posant l'égalité $4N^2+3N-1=(6-2N)^2$, ce qui détermine N; alors les côtés des carrés étant $2N$, et $6-2N$, leur somme vaut 6.

XXIX, XXX. Trouver deux carrés tels, que si à leur produit on ajoute l'un ou l'autre des deux carrés, les sommes soient encore des carrés. Pour la proposition XXX, du produit des carrés, on retranche l'un ou l'autre carré.

XXXI. Trouver deux nombres tels, que leur produit étant augmenté ou diminué de leur somme, les résultats soient des carrés dans les deux cas.

XXXII. Trouver deux nombres égaux en somme à un carré, et tels que leur produit étant augmenté ou diminué de leur somme, les résultats soient des carrés.

Solution. Supposons que $10N$ et $2N$ soient les nombres cherchés, nous égalerons leur somme $12N$ à $16N^2$, ce qui donnera $N=\frac{3}{4}$; avec ces conditions le produit $20N^2$ des deux nombres étant augmenté ou diminué de leur somme $16N^2$, les résultats $36N^2$, $4N^2$ seront toujours des carrés.

XXXIII, XXXIV. Trouver trois nombres tels, que le carré de chacun d'eux étant augmenté du nombre suivant, les trois sommes soient des carrés. Pour la proposition XXXIV, chaque carré est diminué du nombre suivant.

Solution XXXIII. Premier nombre N, second $2N+1$, troisième $4N+3$, avec ces hypothèses le carré du premier nombre N plus $2N+1$ est un carré quel que soit N, le carré de $2N+1$ plus $4N+3$ est aussi un carré quel que soit N; il reste à déterminer N pour que le carré de $(4N+3)$ augmenté de N soit un carré. Il suffira d'égaler $16N^2+25N+9$ à $(4N-4)^2$.

XXXV, XXXVI. Trouver trois nombres tels, que le carré de chacun étant augmenté de la somme de trois, les résultats soient des carrés. Pour la question XXXVI, le carré de chacun est diminué de la somme de trois.

Solution XXXV. Soit un nombre $k=ab=a'b'=a''b''$, il est clair que $\left(\frac{a-b}{2}\right)^2+k$, $\left(\frac{a'-b'}{2}\right)^2+k$, $\left(\frac{a''-b''}{2}\right)^2+k$ seront des carrés. Cela posé, Diophante considère au lieu de k un nombre particulier, 12 par exemple, or :

$12 = 1 \cdot 12 = 2 \cdot 6 = 3 \cdot 4$; prenant pour chacun des nombres cherchés $\left(\frac{12-1}{2}\right)N$, $\left(\frac{6-2}{2}\right)N$, $\left(\frac{4-3}{2}\right)N$, et supposant que la somme de ces trois nombres égale $12N^2 = kN^2$, toutes les conditions du problème seront remplies; mais la condition que la somme des trois nombres ou $8N$ soit égale à $12N^2$ exige qu'on ait $N = \frac{3}{4}$.

LIVRE III.

I. Trouver trois nombres tels, que si de leur somme on retranche le carré de chacun d'eux, les trois restes soient des carrés.

Solution. Soit N le premier nombre, $2N$ le second, $5N^2$ la somme des trois nombres; on satisfait ainsi à deux conditions du problème. Pour satisfaire à la dernière, il faut trouver un troisième nombre αN tel que $5N^2 - \alpha^2 N^2$ soit un carré; mais $5 = 1 + 4 = \frac{4}{25} + \frac{121}{25}$, se décomposant ainsi en deux carrés, si on prend $\alpha = \frac{2}{5}$, $5N^2 - \alpha^2 N^2 = N^2 \frac{121}{25}$, qui est un carré. Les trois nombres étant N, $2N$, $\frac{2}{5}N$, il reste à trouver N, de telle sorte que leur somme $\frac{17}{5}N$ soit égale à $5N^2$, d'où $N = \frac{17}{25}$.

II. Trouver trois nombres tels, que le carré de leur somme augmenté de chacun d'eux fasse un carré.

Solution. Soit N^2 le carré de la somme des trois nombres, que nous représenterons par $3N^2$, $8N^2$, $15N^2$, toutes les conditions seront remplies si la somme $26N^2$ des trois nombres est égale à N, ou si $N = \frac{1}{26}$.

III. Trouver trois nombres tels, que le carré de leur somme diminué de chacun d'eux soit un carré.

Solution. La somme sera $4N$, les nombres $7N^2$, $12N^2$,

$15N^2$; il faudra que N satisfasse à la condition $4N=34N^2$, d'où $N=\frac{2}{17}$.

IV. Trouver trois nombres tels, que le carré de leur somme étant soustrait de chacun d'eux, les restes soient des carrés.

Solution. Soit N la somme des nombres que nous désignerons par $2N^2$, $5N^2$, $10N^2$, toutes les conditions du problème seront satisfaites si $N=17N^2$, ou $N=\frac{1}{17}$.

V, VI. Trouver trois nombres qui fassent en somme un carré, et qui soient tels que deux quelconques étant ajoutés ensemble, leur somme surpasse le nombre qui reste d'un carré.

Solution. Désignons par $(N+1)^2$ la somme des trois nombres; or on a : $(N+1)^2=\frac{N^2}{2}+N+\frac{N^2}{2}+\frac{1}{2}+N+\frac{1}{2}$, nous prendrons $\frac{N^2}{2}+N$ pour le premier nombre, $\frac{N^2}{2}+\frac{1}{2}$ pour le second, et $N+\frac{1}{2}$ pour le troisième. Toutes les conditions seront remplies, comme on peut le vérifier, si le premier plus le troisième moins le second, c'est-à-dire $2N$ est un carré. On peut pour cet effet prendre $N=8$.

VII, VIII. Trouver trois nombres dont la somme soit un carré et qui soient tels, que la somme de deux quelconques soit aussi un carré.

Solution. Posons $(N+1)^2$ pour la somme des trois nombres; nous supposerons que le premier est $2N+1$, la somme des deux autres sera N^2. Je poserai ces deux autres nombres égaux à N^2-4N et $4N$; toutes les conditions seront remplies si $6N+1$ est un carré, par exemple pour $N=8$.

IX. Trouver trois nombres en progression arithmétique tels, que la somme de deux quelconques soit un carré.

Solution. Représentons la progression par x, $x+k$, $x+2k$; d'après l'énoncé $2x+k$, $2x+2k$, $2x+3k$

devront être des carrés ; or ces trois sommes sont en progression arithmétique ; il faut donc trouver trois carrés en progression arithmétique que nous égalerons à ces sommes partielles : appelons N^2 le premier carré, $(N+1)^2$ le second, comme l'excès du second sur le premier est $2N+1$, le troisième carré devra être $(N+1)^2+2N+1$. Déterminons N par la condition que cette expression soit égale à $(N-8)^2$, nous trouverons $N=\frac{31}{10}$, et les trois carrés seront $\left(\frac{31}{10}\right)^2$, $\left(\frac{41}{10}\right)^2$, $\left(\frac{49}{10}\right)^2$. Les égalant à $2x+k$, $2x+2k$, $2x+3k$, la raison k vaudra $\left(\frac{41}{10}\right)^2-\left(\frac{31}{10}\right)^2$, et le double de x vaudra le premier carré diminué de la raison.

X. Trouver trois nombres tels, qu'en ajoutant à un nombre donné la somme de deux quelconques, les trois résultats soient des carrés.

Solution. Nombre donné 3. Posons pour le premier nombre cherché N^2+2N-6, pour le second $2N+7$, pour le troisième $4N+12$. Toutes les conditions seront satisfaites si $2N+7+4N+12+3$ est un carré, ou si $6N+22$ est un carré. Diophante détermine N en égalant cette expression à 100.

OBS. DE FERMAT. *Dans la note à la 3e proposition du Ve livre, nous avons découvert comment on peut trouver quatre nombres, tels que la somme de deux quelconques, ajoutée à un nombre donné, fasse un carré.*

XI. Trouver trois nombres tels, que diminuant d'une quantité donnée la somme de deux quelconques, les trois résultats soient des carrés.

OBS. DE FERMAT. *La note de la troisième proposition du livre V, enseignera comment on peut trouver quatre nombres tels, que la somme de deux quelconques, diminuée d'un nombre donné, fasse un carré.*

XII. Trouver trois nombres tels, que les produits de deux quelconques, augmentés d'un nombre donné, donnent pour sommes des carrés.

Solution. Le nombre donné est 12, les nombres cherchés seront représentés par $4N$, $\frac{1}{N}$, $\frac{N}{4}$; deux conditions seront remplies quel que soit N, il suffira que le produit N^2 du premier nombre par le troisième, augmenté de 12, soit un carré ; on pose $N^2+12=(N+3)^2$.

XIII. Trouver trois nombres tels, que diminuant le produit de deux quelconques d'un nombre donné, les trois restes soient des carrés.

Solution. Nombre donné 10, nombres cherchés $\left(30+\frac{1}{4}\right)N$, $\frac{1}{N}$, $\left(12+\frac{1}{4}\right)N$, deux conditions seront remplies ; on déterminera N pour que la troisième condition soit satisfaite.

XIV. Trouver trois nombres tels, que le produit de deux quelconques, plus le nombre restant, fasse en somme un carré.

Solution. Prenons le carré $N^2+6N+9=N(N+6)+9$. Si nous supposons que les nombres cherchés sont N, $N+6$, 9, une condition du problème sera remplie. Il restera à faire que $10N+6$ et $10N+54$ soient des carrés ; or ces nombres diffèrent de 48, il faut donc les égaler à des carrés qui diffèrent de 48. Il est aisé de déterminer ces carrés, une solution serait 64 et 16, et on posera $10N+6=16$, $10N+54=64$.

XV. Trouver trois nombres tels, que le produit de deux quelconques, moins le nombre restant, fasse pour reste un carré.

Solution. Premier nombre N, second $N+4$, troisième

$4N$. Il faut, pour que toutes les conditions soient satisfaites, que $4N^2 - N - 4$ et $4N^2 + 15N$ soient des carrés. Mais ces expressions diffèrent de $4(4N+1)$. Si donc on fait le carré de la demi-somme des facteurs ou de $2N + \frac{5}{2}$ on l'égalera à $4N^2 + 15N$ et on trouvera $N = \frac{25}{20}$. Le carré de la demi-différence aurait été égalé à $4N^2 - N - 4$.

XVI. Trouver trois nombres tels, que le produit de deux quelconques, plus le carré du nombre restant, fasse en somme un carré.

Solution. Premier nombre N, second $4N+4$, troisième 1. Deux conditions sont satisfaites quel que soit N, il faudra déterminer cette inconnue par la condition que $16N^2 + 33N + 16$ soit un carré; on égale cette expression à $(4N-5)^2$, d'où $N = \frac{9}{73}$, les trois nombres sont: $\frac{9}{73}$, $\frac{328}{73}$, 1.

XVII, XVIII. Trouver trois nombres tels, que le produit de deux quelconques, augmenté de la somme des deux mêmes nombres, fasse un carré.

Solution. Prenons $4, 9, N$ pour les trois nombres cherchés. Les deux premiers remplissent la condition demandée; il faudra ensuite que $5N+4$ et $10N+9$ soient des carrés; or ces carrés différeront de $5N+5$ ou de $5(N+1)$, le plus grand des carrés aura pour côté la demi-somme des deux facteurs ou $\frac{N}{2}+3$, le plus petit leur demi-différence $\frac{N}{2}-2$, par suite $10N+9 = \left(\frac{N}{2}+3\right)^2$, d'où $N = 28$.

OBS. DE FERMAT. *Il y a un problème de Diophante au livre V°, proposition 5°, relatif à cette question. Mais Diophante a-t-il omis sciemment le problème suivant, ou était-il résolu dans quelqu'un de ses treize livres. Nous l'ignorons.*

Trouver trois carrés tels, que le produit de deux quelconques, ajouté avec leur somme, fasse un carré. Nous pouvons cependant donner une infinité de solutions de cette question; par exemple, les trois carrés suivants satisfont au problème: $\frac{3504384}{203401}$, $\frac{2019241}{203401}$, 4.

De plus, nous pouvons étendre plus loin la question de Diophante, car nous avons résolu généralement et d'une infinité de manières le problème suivant:

Trouver quatre nombres tels, que le produit et la somme de deux quelconques ajoutés ensemble fassent un carré.

Cherchons par la 5ᵉ proposition du livre IIIᵉ trois carrés tels, que le produit et la somme de deux quelconques ajoutés ensemble fassent un carré: $\frac{25}{9}$, $\frac{64}{9}$, $\frac{196}{9}$ *sont trois carrés, qu'on peut prendre pour les trois premiers nombres de notre question. Appelons* N *le quatrième nombre; les produits de* N *par chacun des nombres précédents ajoutés avec la somme de* N *et de chacun de ces nombres donneront:* $\frac{34}{9}\text{N}+\frac{25}{9}$, $\frac{73}{9}\text{N}+\frac{64}{9}$, $\frac{205}{9}\text{N}+\frac{196}{9}$; *et égalant ces trois quantités à des carrés, il en résulte une triple égalité dont nous avons donné l'explication à la question 24ᵉ du livre VIᵉ.*

XIX. Trouver trois nombres tels, que si du produit de deux quelconques, on retranche la somme des deux mêmes nombres, les restes soient des carrés.

Solution. Je cherche d'abord deux nombres $\text{N}+1$ et $4\text{N}+1$ qui satisfassent à la condition du problème, c'est-à-dire que leur produit moins leur somme, ou 4N^2-1 soit un carré; on égalera cette expression à $(2\text{N}-2)^2$, d'où $\text{N}=\frac{5}{8}$. Le premier nombre sera par conséquent $\frac{13}{8}$, et le second $\frac{7}{2}$; on désignera ensuite le troisième nombre inconnu par N' et on procédera comme dans la proposition précédente.

XX. Trouver deux nombres tels, que si à leur produit on ajoute leur somme, ou successivement chacun des deux nombres, les résultats soient des carrés.

Solution. Si un des nombres est N et l'autre $4N-1$, leur produit plus le premier sera le carré $4N^2$, il restera deux conditions, savoir que $4N^2+3N-1$ et que $4N^2+4N-1$ soient des carrés; ces carrés différeront de N ou de $4N.\frac{1}{4}$ Le côté du plus grand carré sera $2N+\frac{1}{8}$, et on aura: $4N^2+4N-1=\left(2N+\frac{1}{8}\right)^2$; par suite, $N=\frac{65}{224}$, et le second nombre $4N-1=\frac{36}{224}$.

XXI. Trouver deux nombres tels, que leur produit étant diminué d'un des deux nombres, ou de leur somme, les résultats soient toujours des carrés.

Solution. Diophante pose pour le premier nombre $N+1$, pour le second $4N$.

XXII. Trouver quatre nombres tels, que le carré de leur somme, augmenté ou diminué successivement de chacun d'eux, donne pour résultat un carré.

Solution. Si on a un triangle rectangle dont l'hypothénuse soit a et les côtés b, c, puisque $a^2=b^2+c^2$, $a^2\pm 2bc$ sera un carré. Pour résoudre notre problème, nous prendrons quatre triangles rectangles de même hypothénuse; cette hypothénuse multipliée par N représentera la somme des quatre nombres, qui seront les doubles produits des côtés de l'angle droit dans chaque triangle, multipliés par N^2. Or en décomposant de quatre manières 65 en deux carrés, on formera quatre triangles rectangles 65, 39, 52, ou 65, 60, 25, ou 65, 63, 16, ou 65, 56, 33. La somme des nombres sera $65 . N$, chaque nombre $2 \times 39 \times 52 . N^2$, $2 \times 60 \times 25 . N^2$, $2 \times 63 \times 16 . N^2$, $2 \times 56 \times 33 . N^2$, leur somme vaudra $12768 N^2 = 65 N$, $N = \frac{65}{12768}$, et les nombres cherchés seront des fractions dont les numérateurs égalent 1713 6600, 12 675000, 1565600, 8317600. Le dénominateur commun 16 302 1824.

Une formule générale qui donne une infinité de triangles, sans cesse employée par Diophante, est : $(x^2 - y^2)^2 + (2xy)^2 = (x^2 + y^2)^2$; si on connait x, y on aura les éléments qui détermineront les côtés et l'hypothénuse; dans le problème actuel l'hypothénuse 65 est donnée et on la décompose en deux carrés de quatre manières, de telle sorte que $65 = x^2 + y^2$. Par suite de la détermination de x, y, les côtés de l'angle droit sont connus.

OBS. DE FERMAT. *Un nombre premier qui surpasse de* 1 *tout multiple de* 4, *est une seule fois hypothénuse d'un triangle rectangle (formé de côtés entiers), son carré deux fois, son cube trois fois, sa quatrième puissance quatre fois, etc. à l'infini.*

Le même nombre premier et son carré sont composés d'une seule manière de deux carrés, son cube et sa quatrième puissance de deux manières, la cinquième et la sixième puissance de trois manières, etc., à l'infini.

Si un nombre premier, composé de deux carrés, est multiplié par un autre nombre premier, aussi composé de deux carrés, le produit se composera de deux manières de deux carrés; s'il est multiplié par le carré du second nombre premier, le produit sera composé de trois manières de deux carrés, s'il est multiplié par le cube du même nombre premier, le produit sera composé quatre fois de deux carrés, et ainsi jusqu'à l'infini.

De là il est facile de déterminer combien de fois un nom-

bre donné est hypothénuse d'un triangle rectangle. Considérons tous les nombres premiers surpassant d'une unité les multiples de 4, tels que 5, 13, 17 qui divisent le nombre donné. Si certaines puissances des trois nombres ci-dessus divisent le nombre donné de telle sorte que 5 entre trois fois comme facteur de ce nombre, 13 deux fois et 17 une fois; prenons les exposants de tous les diviseurs, savoir : 3 exposants de 5, 2 exposants de 13, 1 exposant de 17; classons ainsi ces exposants : 3, 2, 1. Multiplions le premier par le second, doublons le produit et ajoutons la somme des deux ($3 \times 2 \times 2 + 3 + 2$) *on trouvera 17. Multiplions 17 par le troisième exposant, doublons, et au produit ajoutons la somme* $17 + 1$, *on trouvera* ($17 \times 1 \times 2 + 17 + 1$) $= 52$. *Le nombre donné sera l'hypothénuse de 52 triangles rectangles. La méthode est la même, quels que soient les diviseurs et leurs puissances.*

Les nombres premiers restants qui ne surpassent pas d'une unité un multiple de 4, quelles que soient leurs puissances, n'augmentent ni ne diminuent le nombre de solutions de la question.

Trouver un nombre qui soit hypothénuse, autant de fois qu'on voudra (satisfaire à l'équation $z^2 = x^2 + y^2$). *Cherchons, par exemple, un nombre qui soit 7 fois hypothénuse. 7 étant doublé, on trouvera 14, qui augmenté de 1, donne 15. Les nombres premiers qui divisent 15 sont 3 et 5, retranchons une unité de chacun d'eux, la moitié des restes sera 1, 2. Faisons le produit de deux nombres quelconques affectés des exposants 1, 2, on satisfera à la question, pourvu que les nombres premiers qu'on prendra soient de la forme* $4N + 1$, *et de là il résulte qu'on peut aisément trouver le plus petit nombre qui soit hypothénuse autant de fois qu'on voudra.*

Trouver un nombre qui soit composé de deux carrés d'autant de manières qu'on voudra, soit 10 ce nombre de solutions, 20 son double dont les facteurs premiers sont 2, 2, 5; de chacun d'eux ôtons une unité, il restera 1, 1, 4; prenons donc trois nombres premiers (surpassant de 1 un multiple de quatre) par exemple 5, 13, 17, et multiplions la quatrième puissance de l'un par le produit des deux autres, on aura le nombre cherché; mais pour reconnaître combien de fois un nombre donné est composé de deux carrés, soit ce nombre donné 325. Les nombres premiers qui le composent sont 5, 13 (chacun d'eux est de la forme 4 N + 1), les exposants de ces facteurs sont 2 et 1, leur produit ajouté à leur somme donnera 5 qui, avec l'addition d'une unité, deviendra 6; sa moitié 3, exprime de combien de manières le nombre 325 peut se décomposer en deux carrés. S'il y avait trois exposants, tels que 2, 2, 1, il faudrait ainsi procéder : le produit des deux premiers ajouté à leur somme donne 8; multiplions 8 par le troisième exposant et ajoutons au produit la somme des facteurs (8. 1 + 8 + 1) on trouvera 17 qui, augmenté de 1, donne 18; sa moitié 9 exprimera de combien de manières le nombre dont les facteurs premiers (de la forme 4 N + 1), et affectés des exposants 2, 2, 1, se décomposera en deux carrés. Si le dernier nombre qui doit être divisé en deux parties égales était impair, on le diminuerait de 1 et on prendrait la moitié du reste.

Enfin, proposons-nous la question suivante : Trouver un nombre entier qui, ajouté à un nombre donné, fasse un carré, et qui soit hypothénuse d'un certain nombre de triangles rectangles; la question est ardue. Proposons-nous par exemple de trouver un nombre qui soit deux fois hypothénuse et qui, augmenté de 2, fasse un carré. Le nombre cherché sera 2023, et il y en a une infinité d'autres qui ont la même propriété, comme 3362, etc., etc...

XXIII. Diviser un nombre donné en deux parties, et trouver un carré qui, diminué de l'une ou de l'autre partie, laisse constamment un carré pour reste.

Solution. Soit 10 le nombre donné, j'appelle le carré cherché N^2+2N+1; or ce carré diminué de $4N$ ou de $2N+1$, laisse pour restes deux carrés, il faut donc que les deux parties de 10 soient $4N$ et $2N+1$, ou que $6N+1=10$, d'où $N=\frac{3}{2}$; par suite les deux parties seront 6, 4, et le carré $\frac{25}{4}$.

XXIV. Diviser un nombre donné en deux parties, et trouver un carré qui, ajouté à l'une ou à l'autre, donne en somme des carrés.

Solution. Carré cherché N^2+2N+1, nombre donné 20, ses parties $2N+3$, $4N+8$.

LIVRE IV.

I. Diviser un nombre en deux cubes, dont la somme des côtés est aussi donnée.

Solution. Nombre donné 370, somme des côtés des cubes 10. Un des cubes sera $(N+5)^3$, l'autre $(5-N)^3$, leur somme $30N^2+250=370$, d'où $N=2$; côté du premier cube 7, côté du second 3.

II. Trouver deux nombres dont la différence soit égale à un nombre donné, et dont la différence des cubes soit aussi donnée.

Solution. Différence des nombres 6, différence de leurs cubes 504. Le premier nombre sera $N+3$, le second $N-3$; la différence de leurs cubes $18N^2+54=504$, $N=5$; côtés des cubes 8, 2.

Dans le commentaire, Bachet propose les trois questions suivantes :

1re *Question.* Etant donnés deux cubes, en trouver deux autres dont la somme soit égale à la différence des deux premiers. Il faut de plus que le double du petit cube ne surpasse pas le plus grand ($a^3-b^3=x^3+y^3$, $2y^3 <= x^3$).

2° *Question.* Etant donnés deux cubes, en trouver deux autres dont la différence égale la somme des cubes donnés ($a^3+b^3=x^3-y^3$).

3° *Question.* Etant donnés deux cubes, en trouver deux autres dont la différence égale la différence des cubes donnés. Le double du plus petit cube doit excéder le plus grand ($a^3-b^3=x^3-y^3$, $2y^3>x^3$).

OBS. DE FERMAT. *Nous avons facilement étendu par la répétition de l'opération la détermination de la première question, et nous avons généralement construit cette question et les suivantes, ce que Bachet et Viete lui-même n'avaient pu accomplir : soient 64 et 125 les deux cubes donnés, il faut en trouver deux autres dont la somme soit égale à la différence des cubes donnés. Pour la solution de la 3e question ci-dessus, Bachet trouve que les cubes sont* $\frac{15252992}{250047}$ *et* $\frac{125}{250047}$. *D'après le mode de leur détermination, ces cubes ont une différence égale à celle des cubes donnés; mais ces deux cubes trouvés par l'opération de la troisième question, peuvent être transportés à la première question, puisque le double du plus petit ne surpasse pas le plus grand. Ainsi étant donnés ces deux cubes, qu'on en cherche deux autres dont la somme soit égale à la différence des cubes donnés, ce qui est permis par la détermination de la question première. Mais la différence des deux cubes trouvés est, d'après la troisième question, égale à la différence des cubes considérés d'abord, savoir 64 et 125, par conséquent rien n'empêche de construire deux cubes dont la somme soit égale à la différence des cubes donnés 60 et 125, ce qui, sans aucun doute, étonnerait Bachet lui-même* (1). *De plus, si ces trois*

(1) En résumé, par la première question $125-64=x^3+y^3$, par la troisième Bachet trouve que $125-64=\frac{15252992}{250047}-\frac{125}{250047}$, on peut donc se proposer de résoudre : $\frac{15252992}{250047}-\frac{125}{250047}=x^3+y^3$, qui d'après la forme du premier membre donnera pour x et y une solution nouvelle.

questions vont en cercle et sont répétées à l'infini, on trouvera des systèmes en nombre infini de deux cubes ayant la même propriété, car des deux cubes trouvés en dernier lieu, dont la somme égale la différence des cubes donnés, par l'opération de la seconde question, nous en chercherons deux autres dont la différence égale la somme des derniers, c'est-à-dire la différence des premiers, et de cette différence, de nouveau nous chercherons la somme, et ainsi à l'infini.

Quand on a une relation de la forme $a^3+b^3=x^3+y^3$, a et b étant donnés, il est facile de trouver tout d'abord une solution en posant $x=a+\alpha N$, $y=b+N$ et disposant de α de manière à faire disparaître, après la substitution, la première puissance de N ; on tombe alors sur une relation de la forme $\beta N^3+\gamma N^2=0$ qui donne de suite $N=-\frac{\gamma}{\beta}$. Fermat admet la solution par ce procédé des trois questions posées, puis il fait servir chaque détermination, qui change les données a, b à la recherche de nouvelles solutions.

OBS. DE FERMAT SUR LA TROISIÈME QUESTION. *La méthode qu'emploie Bachet pour cette troisième question n'est pas légitime, et nous l'apercevrons par un procédé pareil à celui dont nous avons fait usage pour la première question.*

De plus, par ce qui a été dit ci-dessus, nous construirons aisément une question que Bachet a ignorée. Diviser un nombre donné composé de deux cubes en deux autres cubes, et cela par une suite infinie d'opérations successives, comme nous l'avons indiqué plus haut.

Soient deux cubes 8 et 1, on veut en trouver deux qui aient la même somme. Par la seconde question, trouvons deux cubes dont la différence égale la somme 9 des cubes donnés, ces cubes seront $\frac{8000}{343}$, $\frac{4913}{343}$, et puisque le double du plus petit excède le plus grand, la proposition se ramène à la troisième question, qui enfin sera réduite à la première, et le problème sera résolu. Si on veut une autre *solution, la question se ramènera de nouveau à la seconde, etc., etc.*

Mais pour qu'il soit évident que la détermination de la troisième question n'est pas légitime : étant donnés deux cubes 8 et 1, il faut en trouver deux autres dont la différence égale la différence des cubes donnés; certainement Bachet affirmerait que cette question est impossible; cependant les deux cubes trouvés par notre méthode, dont la différence égale 7 ou 8 — 1, sont les suivants : $\frac{2024284625}{6128487}$ *et* $\frac{1981385216}{6128487}$.

Bachet résout la troisième question dans le cas particulier où les cubes donnés sont 125 et 64, et il pose $125 - 64 = (\alpha N - 4)^3 - (N - 5)^3$, ce qui lui donne, en faisant disparaître la première puissance de N par le moyen de l'indéterminée α; $\alpha N - 4 = \frac{248}{63}$ et $N = 5 + \frac{5}{63}$. Mais si Bachet avait appliqué son procédé aux cubes 8 et 1 que propose Fermat, il aurait fallu poser $8 - 1 = (\alpha N - 1)^3 - (N - 2)^3$, et alors on aurait trouvé $\alpha N - 1 = \frac{5}{3}$, $N - 2 = -\frac{4}{3}$; la seconde quantité négative ne répond pas au problème, aussi Fermat fait remarquer que la détermination de Bachet est illégitime.

III. Trouver un nombre qui, multiplié successivement par un carré et par son côté, donne deux produits tels, que le premier soit la racine cubique du second.

Solution. Le premier nombre sera $\frac{8}{N}$, il sera multiplié par un carré N^2 et par sa racine N, et il faudra que $\frac{8}{N} \cdot N^2$ soit la racine cubique de $\frac{8}{N} \cdot N$ ou que 8 N soit la racine cubique de 8, ce qui donne $N = \frac{1}{4}$. Par suite, le premier nombre sera 32, le carré $\frac{1}{16}$ et sa racine $\frac{1}{4}$.

IV. A un carré inconnu, et à son côté ajouter le même

nombre, de telle sorte que la première somme soit le carré de la seconde.

Solution Le carré cherché sera N^2, son côté N; ajoutons à l'un et à l'autre $3N^2$, il faudra que $4N^2$ soit le carré de $N+3N^2$ ou $4N^2=(N+3N^2)^2$, d'où $N=\frac{1}{3}$. Le premier carré sera $\frac{1}{9}$, son côté $\frac{1}{3}$, le nombre à ajouter $\frac{3}{9}$.

V. A un carré et à sa racine ajouter le même nombre, de telle sorte que la première somme soit la racine carrée de la seconde.

Solution. Le carré sera N^2, sa racine N, nombre à ajouter $4N^2-N$, $N=\frac{3}{5}$.

VI. A un cube et à un carré ajouter le même carré, de telle sorte que la première somme soit un cube, et la seconde un carré.

Solution. Représentons le cube par N^3, le carré par $9N^2$, et le nombre à ajouter par $16N^2$, N^3+16N^2 devra être un cube, je l'égale à $8N^3$; d'où $N=\frac{16}{7}$.

VII, VIII. A un cube et à un carré ajouter le même carré, de telle sorte que la première somme soit un carré et la seconde un cube.

Solution. Je représente le cube par $5N^2$, le carré par N^2, le carré à ajouter par $4N^2$; par l'addition de ce troisième nombre aux deux premiers, on trouve $9N^2$ qui est un carré, et $5N^2$ qui doit être un cube. Je pose $5N^2=N^3$, d'où $N=5$. Les nombres cherchés sont 125, 25, 100.

IX. A un cube et à son côté ajouter le même nombre, de telle sorte que la première somme soit le cube de la seconde.

Solution. $8N^3$ sera le cube, $2N$ son côté, le nombre à

ajouter N, on aura $8N^3+N=27N^3$, ou $27-8=\frac{1}{N^2}$ qui ne peut exister, puisque $27-8$ n'est pas un carré; le problème exige donc qu'au lieu de 27 et de 8 nous puissions trouver deux cubes dont la différence soit un carré; prenons les cubes de $(a+1)$ et de a égalons leur différence à $(1-2a)^2$, d'où $a=7$, les cubes seront 343 et 812, dont la différence est 13^2. Cela posé, nous modifierons nos hypothèses et nous prendrons pour le cube donné $343N^3$, pour sa racine $7N$, et pour le nombre à ajouter N, il faudra que $343N^3+N=(8N)^3$, d'où $N=\frac{1}{13}$. Par suite le cube cherché sera : $\frac{343}{2197}$, et sa racine $\frac{7}{13}$; le nombre à ajouter sera $\frac{1}{13}$.

X. A un cube et à son côté ajouter le même nombre, de telle sorte que la première somme soit la racine cubique de la seconde.

Solution. Cube $125N^3$, son côté $5N$, nombre à ajouter $512.N^3-5N$. Il faudra que $637N^3-5N$ soit la racine cubique de $512N^3$, ou que $637N^3-5N=8N$; d'où; $N^2=\frac{13}{637}=\frac{1}{49}$, $N=\frac{1}{7}$.

XI. Trouver deux cubes dont la somme égale la somme des racines.

Solution. Cubes α^3N^3, β^3N^3, racines αN, βN, on devra avoir : $\frac{\alpha^3+\beta^3}{\alpha+\beta}=\frac{1}{N^2}$, il faut donc trouver deux nombres α, β, tels que le rapport de la somme de leur cube à la somme de leurs racines soit un carré. Je pose $\beta=2-\alpha$; par cette hypothèse l'égalité deviendra $4-6\alpha+\alpha^2=\frac{1}{N^2}$; je remplace le second membre par $(4\alpha-2)^2$ nous trouverons alors :

$\alpha=\frac{10}{13}, \beta=\frac{16}{13}, \frac{1}{N^2}=\left(\frac{14}{13}\right)^2, N=\frac{13}{14}$, et les côtés des cubes seront $\frac{5}{7}, \frac{8}{7}$.

OBS. DE FERMAT. *Il faudrait ajouter à la détermination de ce problème ce que nous avons inséré dans les notes suivantes; et Bachet me surprend, non pas de ce qu'il n'a pas vu la méthode générale, qui est assurément difficile, mais de ce qu'il n'avertit pas ses lecteurs que celle qu'il donne n'est pas générale.*

XII. Trouver deux cubes dont la différence soit égale à la différence des racines. (Même solution que la précédente.)

OBS. DE FERMAT. *Supposons qu'on ait à chercher deux quatrièmes puissances dont la différence soit égale à la différence des racines, l'artifice de notre méthode réussira infailliblement pour cet objet.*

Soit à chercher deux quatrièmes puissances dont la différence soit un cube, et la différence des côtés égale à 1. La première opération donnera pour côtés $-\frac{9}{22}$ *et* $\frac{13}{22}$. *Mais comme le premier nombre est affecté du signe —, répétons l'opération conformément à notre méthode, et posons pour le premier côté* $N-\frac{9}{22}$ *et pour le second* $N+\frac{13}{22}$, *on tombera sur une nouvelle équation qui satisfera à la question en termes convenables.*

Bachet résout deux problèmes plus généraux que celui de Diophante ; il cherche deux cubes dont la différence divisée par la différence des racines multipliées par un nombre carré, ou qui soit le tiers d'un carré, donne pour quotient un carré ; Fermat sur ce point ajoute l'observation suivante.

OBS. DE FERMAT. *La détermination est illégitime parce qu'elle n'est pas générale ; en conséquence il faut ajouter ou multiplier (la différence des racines) par les nombres pre-*

miers qui surpassent d'une unité le multiple de trois, ou ceux qui sont composés de ces nombres premiers, tels que : 7, 13, 19, 37, *etc., ou* 21, 91, *etc. La démonstration et la construction peuvent être tirées de notre méthode.*

XIII. Trouver deux nombres tels, que le cube du plus grand augmenté du plus petit soit égal au cube du plus petit augmenté du plus grand.

Solution. On appelle αN, βN, les deux nombres. La question revient à trouver deux cubes dont la différence, divisée par la différence des côtés, soit un carré.

XIV. Trouver deux nombres tels, que, si à chacun d'eux ou à leur somme, ou à leur différence, on ajoute une unité, la somme soit toujours un carré.

Solution. Je prends un premier nombre de la forme $A^2-1=pq$, et un second $\left(\frac{p-q}{2}\right)^2-1$, chacun de ces nombres, ou leur somme plus 1 fait un carré; il reste à les choisir, de telle sorte, que leur différence plus 1 soit un carré.

Diophante suppose $A=3N+1$, $q=N$, $p=9N+6$; il faudra que $7N^2+18N+9$ soit un carré, par exemple $(3-3N)^2$, ce qui donne $N=18$, et les nombres cherchés seront 3024, 5624.

XV. Trouver trois carrés tels, que leur somme soit égale à la somme des trois différences qu'on peut faire en les soustrayant deux à deux.

Solution. La somme des trois différences vaudra deux fois l'excès du plus grand des trois carrés sur le plus petit. Si 1 est le plus petit carré et $(N+1)^2$ le plus grand, le double de leur différence ou $2N^2+4N$ vaudra la somme des trois carrés, savoir : $1+(N+1)^2$ plus le troisième carré qui est en conséquence N^2+2N-3, cette dernière expression devant être un carré, je l'égalerai à $(N-4)^2$, d'où $N=\frac{9}{5}$, par suite les carrés seront $\frac{196}{25}$, $\frac{121}{25}$, 1.

XVI. Trouver trois nombres tels, que les produits de la somme de deux quelconques par le nombre qui reste soient égaux à des nombres donnés.

Solution. Les nombres donnés sont 35, 32, 27; le premier nombre cherché sera N, le second $\frac{\alpha}{N}$, le troisième $\frac{\beta}{N}$, il faudra d'abord que $N\left(\frac{\alpha+\beta}{N}\right)=35$, ou que $\alpha+\beta=35$, il faudra de plus que $\left(N+\frac{\alpha}{N}\right)\frac{\beta}{N}=32$ et que $\left(N+\frac{\beta}{N}\right)\frac{\alpha}{N}=27$; soustrayant ces deux dernières égalités, on trouve $\beta-\alpha=5$, par suite $\beta=20$, $\alpha=15$. D'où $N=5$. Le premier nombre sera 5, le second 3, le troisième 4.

XVII. Trouver trois nombres dont la somme soit un carré, et qui soient tels que le carré de chacun, augmenté du suivant, donne pour somme un carré.

Solution. Celle de Fermat est simple.

OBS. DE FERMAT. *On peut peut-être résoudre cette question avec plus d'élégance. Posons le premier nombre* N, *le second* $2N+1$, *de telle sorte qu'avec le carré du premier la somme soit un carré. Supposons le troisième composé d'unités et d'un nombre quelconque, mais soumis à cette condition qu'ajouté au carré du second la somme soit un carré; soit par exemple ce nombre* $4N+3$ *(on voit en effet que* $(2N+1)^2+4N+3=(2N+2)^2$*), ces deux derniers nombres satisfont à la question; il reste à faire que la somme des trois nombres, et le carré du troisième ajouté avec le premier fasse des carrés; la somme des trois est* $4+7N$, *mais la somme du premier nombre et du carré du troisième est* $16N^2+25N+9$; *il en résulte une double égalité dont* *a solution est immédiate, si on ramène au même nombre carré les unités carrées de chaque égalité (on multiplierait la première par 9 et la seconde par 4).*

Par la même voie, la question sera facilement étendue à quatre nombres, et à une infinité; seulement il faudra faire en sorte que la somme des unités posée dans chaque nombre fasse un carré, ce qui est très-facile.

XVIII. Trouver trois nombres dont la somme soit un carré, et tels que l'excès de chacun sur le nombre qui le suit soit un carré.

OBS. DE FERMAT. *Nous avons fait usage pour ce problème du raisonnement employé dans la question précédente, nous le résoudrons ainsi et nous l'étendrons à autant de nombres qu'on voudra.*

XIX. Trouver deux nombres tels, que le cube du premier, plus le second, fasse un cube, et que le carré du second, plus le premier, fasse un carré.

Solution. Le premier nombre sera N, le second $\alpha^3 - N^3$. Il faudra que $(\alpha^3 - N^3)^2 + N$ soit un carré; on l'égalera à $(\alpha^3 + N^3)^2$, d'où $\alpha^3 = \frac{1}{4N^2}$; il faut trouver pour α^3 un cube égal à un carré, on posera $\alpha^3 = 64$, et $N = \frac{1}{16}$.

XX. Trouver trois nombres tels, que, si aux produits de deux quelconques on ajoute une unité, les sommes soient des carrés.

Solution. Le premier nombre $N + 2$, le second N, le troisième $4N + 4$.

OBS. DE FERMAT. *Proposons-nous de trouver trois nombres tels, que le produit de deux quelconques augmenté de 1 fasse un carré, et que, de plus, chacun d'eux augmenté de 1 fasse en somme un carré.*

Nous joindrons ici la solution de cette question, et déjà elle est trouvée. Etablissons la solution indéfinie de la présente question, de telle sorte que les unités déterminées du premier et du troisième nombre étant augmentées de 1. *fassent des carrés. Prenons par exemple les trois nombres indéterminés* $\frac{169}{5184}N+\frac{13}{36}$, N *et* $\frac{7245}{5184}N+\frac{85}{36}$. *Il est clair que cette solution indéfinie satisfait aux conditions de cette seconde question.*

Il reste à faire que chacun des trois nombres, augmenté de 1 *fasse un carré, et il en résulte une triple égalité, dont la solution sera immédiate, puisque le nombre d'unités des trois nombres indéfinis, augmenté de* 1, *fait un carré.*

XXI. Trouver quatre nombres tels, que si on les multiplie deux à deux, et si à chaque produit on ajoute une unité, les sommes soient des carrés.

Solution. Premier nombre $N+2$, le second N, le troisième $4N+4$, le quatrième $9N+6$. Toutes les conditions seront satisfaites si le produit du premier par le quatrième plus 1, donne un carré; ou si $9N^2+24N+13$ égale un carré, par exemple $(3N-4)^2$, d'où $N=\frac{1}{16}$.

OBS. DE FERMAT. *Soient trouvés trois nombres quelconques, de telle sorte que le nombre qui vaudra le produit de deux de ces nombres plus* 1 *soit un carré. Soient ces nombres* 3, 1, 8, *cherchons-en un quatrième tel, que son produit par chacun des trois premiers, pris séparément en ajoutant* 1, *fasse un carré. Soit* N *ce quatrième nombre, il faudra donc que* $3N+1$, $N+1$, $8N+1$ *soient des carrés, et de là résulte une triple égalité dont la solution est due à notre invention. Voyez ce que nous avons annoté à la question* 24e *du livre* 6e.

XXII. Trouver trois nombres qui forment une proportion

géométrique continue et qui soient tels, que les différences deux à deux de ces nombres soient des carrés.

Solution. Premier nombre N, second $N+9$, troisième $N+25$, leurs différences sont des carrés; il faut de plus que $(N+9)^2 = N(N+25)$, d'où $N = \frac{81}{7}$, le second nombre sera $\frac{144}{7}$, le troisième $\frac{25}{7}$.

XXIII. Trouver trois nombres tels, que leur produit, augmenté de chacun d'eux, fasse en somme un carré.

Solution. Le produit des trois nombres sera $N^2 - 2N$, le premier 1, le second $2N$, le troisième $\frac{N}{2} - 1$, il suffira de remplir la condition $N^2 - \frac{3}{2}N - 1$ égal à un carré; par exemple à $(N-3)^2$.

OBS. DE FERMAT. *La question peut se résoudre non-seulement par le lemme que pose Diophante, mais aussi par la double égalité. Supposons le produit des trois nombres* $N^2 - 2N$, *le premier sera* 1, *le second* $2N$; *ainsi on satisfait à deux conditions de la question. Pour avoir le troisième nombre, divisons le produit des trois* $N^2 - 2N$ *par* $2N$ *produit des deux premiers; il résultera de cette division le troisième nombre* $\frac{N}{2} - 1$ *qui, ajouté au produit des trois, donne* $N^2 - \frac{3}{2}N - 1$ *qu'on doit égaler à un carré. Il faut, à cause des suppositions faites, que la valeur de* N *soit plus grande que* 2; *égalons en conséquence* $N^2 - \frac{3}{2}N - 1$ *à un carré dont le côté sera* N *moins un nombre d'unités plus grand que* 2, *tout sera établi.*

XXIV. Trouver trois nombres tels, que si de leur produit on retranche chacun d'eux, les trois restes soient des carrés.

Solution. Produit des trois nombres $N^2 + N$, premier N, second $N + 1$, troisième 1. Il faudra que $N^2 - 1$ et $N^2 + N - 1$ soient des carrés, ce qui conduit à une double égalité ; les deux carrés diffèrent de $N - 2 = 2\left(\frac{N}{2} - 1\right)$, un des deux sera $\left(\frac{N}{4} + \frac{1}{2}\right)^2$, l'autre $\left(\frac{N}{4} - \frac{3}{2}\right)^2$.

XXV. Diviser un nombre en deux parties telles, que leur produit soit égal à un cube diminué de sa racine.

Solution. Nombre donné 6, ses parties N, $6 - N$, j'égale le produit $6N - N^2$ à $(\alpha N - 1)^3 - (\alpha N - 1)$, et je dispose de α de telle sorte que le terme du premier degré en N disparaisse ; j'aurai alors $\alpha = 3$ et $N = \frac{26}{27}$.

XXVI. Diviser un nombre donné en trois parties dont le produit égale le cube qui a pour côté la somme des trois différences des parties entre elles.

Solution. Faisons d'abord le problème en fausse position : soit N la plus petite partie, $N + 1$ la plus grande. La double différence 2 de ces parties est la somme des différences des trois parties, le produit des trois parties vaudra donc $2^3 = 8$, par suite la partie moyenne sera $\frac{8}{N^2 + N}$ qui devra être comprise entre N et $N + 1$. On satisfera à ces deux conditions en posant $8 = \left(N + \frac{1}{3}\right)^3$, ou $N = \frac{5}{3}$. Par suite les trois parties seront $\frac{5}{3}$, $\frac{9}{5}$, $\frac{8}{3}$, ou 25, 27, 40.

Si on veut que la somme des trois parties égale un nombre donné, 4 par exemple, on prendra pour parties $25N$, $27N$, $40N$, et on égalera leur somme $92N$ à 4, d'où $N = \frac{1}{23}$.

XXVII. Trouver deux nombres tels, que leur produit augmenté de l'un des deux soit un cube.

Solution. Premier nombre $8N$, second N^2-1; il faut que le produit des deux, plus le second N^2-1, fasse un cube; je l'égale à $(2N-1)^3$ et je trouve $N=\frac{14}{13}$, le premier nombre sera $\frac{112}{13}$, le second $\frac{27}{169}$.

XXVIII. Trouver deux nombres tels, que leur produit diminué de l'un d'eux soit un cube.

XXIX. Trouver deux nombres tels, que si leur produit est augmenté ou diminué de leur somme, les résultats obtenus soient des cubes.

Solution. D'après la question il faut résoudre en quantités rationnelles les deux équations : $xy+x+y=a^3$ et $xy-x-y=b^3$, d'où $x+y=\frac{a^3-b^3}{2}$ et $xy=\frac{a^3+b^3}{2}$, x, y dépendent d'une équation du second degré que Diophante résout en prenant pour inconnues $x+y$ et $x-y$; pour que ces inconnues soient exprimées rationnellement, il faut que $\left(\frac{a^3-b^3}{4}\right)^2-\left(\frac{a^3+b^3}{2}\right)$ soit un carré. Nous supposerons $a=N+1$, $b=N-1$, et l'expression précédente sera égalée au carré de $3N^2-6N+1$, d'où on déduira $N=\frac{9}{8}$, par suite il sera aisé de trouver x, y.

XXX. Trouver deux nombres tels, que leur produit augmenté ou diminué de leur somme donne toujours pour résultat un cube.

Solution. Diophante résout d'une manière très-simple cette question qui est la même que la précédente; il appelle le premier nombre N, le second N^2-N, leur produit plus leur somme égale N^3 et une condition est remplie; leur produit moins leur somme égale N^3-2N^2 qui sera un cube si on l'égale à $\frac{N^3}{8}$, d'où on déduira $N=\frac{16}{7}$.

XXXI. Trouver quatre carrés qui, ajoutés entre eux et à leurs côtés, fassent en somme un nombre donné.

Solution. Soit 12 le nombre donné; cherchons quatre carrés qui fassent en somme $12+1$, de telle sorte qu'on ait $a^2+b^2+c^2+d^2=12+1$; cette équation prendra la forme $\left(a-\frac{1}{2}\right)^2+\left(a-\frac{1}{2}\right)+\left(b-\frac{1}{2}\right)^2+\left(b-\frac{1}{2}\right)+\ldots$ $\ldots\left(c-\frac{1}{2}\right)^2+c-\frac{1}{2}+\left(d-\frac{1}{2}\right)^2+d-\frac{1}{2}=12$, et la question sera résolue si on connait a, b, c, d; or 13 est la somme de deux carrés 4 et 9, 4 est la somme de deux carrés $\frac{64}{25}$, $\frac{36}{25}$, 9 est la somme des deux carrés $\frac{144}{25}$, $\frac{81}{25}$; les côtés des carrés cherchés seront donc $\frac{11}{10}$, $\frac{7}{10}$, $\frac{19}{10}$, $\frac{13}{10}$.

OBS. DE FERMAT. *Bien plus, j'ai découvert le premier une proposition très-belle et très-générale, savoir; que tout nombre est triangulaire ou composé de deux ou de trois triangulaires; carré ou composé de deux, de trois ou de quatre carrés; pentagone ou composé de deux, de trois, de quatre ou de cinq pentagones, et ainsi de suite à l'infini, on peut énoncer cette merveilleuse proposition pour les hexagones, les heptagones, et généralement pour les polygones quelconques, d'après le nombre de leurs angles. Mais il ne convient pas de placer ici sa démonstration qui est déduite de plusieurs mystères les plus variés et les plus abstrus des nombres, car nous avons résolu de destiner à cet objet un Livre complet, et d'étendre merveilleusement dans cette partie l'arithmétique au delà de ses anciennes limites connues.*

La formule des nombres polygonaux est $\frac{N(N-1)}{2}\alpha+N$, pour $\alpha=1$ on a les triangulaires, pour $\alpha=2$ les carrés, etc., etc.

XXXII. Trouver quatre carrés dont la somme, diminuée

de la somme des côtés, donne pour reste un nombre déterminé. (Analogue à la précédente.)

XXXIII, XXXIV. Diviser l'unité en deux parties telles, que, si on augmente chacune d'elles d'un nombre donné différent, le produit des deux sommes soit un carré.

Solution. Les parties de l'unité seront N et 1 — N, les nombres donnés, 3 et 5; il faudra que $(N+3)(6-N)$ soit un carré; on l'égalera à $\alpha^2 N^2$, d'où $18+3N=(\alpha^2+1)N^2$; multipliant les deux membres par 18, et complétant le carré au premier membre, on trouve $\left(18+\frac{3}{2}N\right)^2=\left(18\alpha^2+\frac{81}{4}\right)N^2$. Le premier membre étant un carré, le second devra être aussi carré; par conséquent il faudra égaler $18\alpha^2+\frac{81}{4}$ à un carré, par exemple à $\left(4\alpha+\frac{9}{2}\right)^2$. D'où $\alpha=18$, $N=\frac{6}{25}$; les parties de l'unité seront $\frac{6}{25}$ et $\frac{19}{25}$.

XXXV. Diviser un nombre donné en trois parties telles, que le produit des deux premières, augmenté ou diminué de la troisième, fasse un carré.

Solution. OBS. DE FERMAT. *Nombre donné* 6, *je le divise en* 5 *et* 1, *si du produit* 5 . 1 *je retranche* 1, *il restera* 4, *qui, divisé par* 6, *donne* $\frac{2}{3}$. *Si de* 5 *et de* 1 *je retranche* $\frac{2}{3}$, *j'aurai pour restes* $\frac{13}{3}$ *et* $\frac{1}{3}$ *qui seront la première et la seconde partie, par suite la troisième sera* $\frac{4}{3}$.

En général, soit a le nombre donné, je puis trouver b, c, d, d'une infinité de manières; de telle sorte que, $a=b.c+d=b+c$. Je pose ensuite $bc-1=K$. Je divise K par a, les deux premières parties seront $b-\frac{K}{a}$, $c-\frac{K}{a}$

la troisième $\frac{2K}{a}$, puisque $a = b + c$. Il est clair que, d'après les conditions établies, $\left(b - \frac{K}{a}\right)\left(c - \frac{K}{a}\right) \pm \frac{2K}{a}$ est égal à $\left(\frac{K}{a} \pm 1\right)^2$.

XXXVI. Trouver deux nombres tels, que si chacun d'eux est augmenté d'une même fraction de l'autre, dont on diminuera ce dernier, chaque somme soit à chaque reste dans un rapport assigné.

Solution. Le premier, augmenté d'une fraction du second, prélevée sur ce nombre, fera une somme triple de ce qui restera du second. Le second, augmenté de la même fraction du premier, dont ce premier sera diminué, fera une somme quintuple de ce qui restera du premier.

Les deux nombres seront N, $12 - N$; si le second est diminué de $9 - N$ qu'il cède au premier, la somme 9 sera triple du reste 3. Si le second $12 - N$ est augmenté de $N - 2$, prélevé sur le premier, la somme 10 sera quintuple de 2. Il reste seulement à établir que $9 - N$ et $N - 2$ sont les mêmes fractions de $12 - N$ et de N; ou que $12 - N : 9 - N :: N : N - 2$ ou $3 : 9 - N :: 2 : N - 2$; d'où $N = \frac{24}{5}$.

XXXVII. Trouver d'une infinité de manières deux nombres tels, que leur produit, augmenté de leur somme, fasse un nombre donné.

Solution. Nombre donné 8, premier nombre $N - 1$; second $\frac{9 - N}{N}$.

XXXVIII. Trouver trois nombres tels, qu'en ajoutant le produit et la somme de deux quelconques, les trois résultats soient des nombres de la forme $a^2 - 1$.

Solution. Je suppose que les résultats soient 8, 15, 24,

qui sont de la forme a^2-1. Si les deux premiers nombres sont x et y, nous devrons avoir $xy+x+y=8$; d'où $x=\frac{8-y}{y+1}$, si je fais $y=N-1$, $x=\frac{9}{N}-1$; mais si j'appelle z le troisième, on aura aussi $zy+z+y=15$, par suite $z=\frac{16}{N}-1$; il faudra encore poser l'équation $xz+x+z=24$, d'où $N=\frac{12}{5}$. Le premier nombre sera $\frac{33}{12}$, le second $\frac{7}{5}$, le troisième $\frac{68}{12}$.

XXXIX. Trouver deux nombres dont le produit diminué de la somme fasse un nombre donné. (On peut trouver de suite une infinité de solutions.)

XL. La même que XXXVIII.

XLI. Trouver deux nombres tels, que leur produit ait un rapport assigné avec leur somme.

Solution. Soit 3 ce rapport, le premier nombre sera $N+3$, le second $3+\frac{9}{N}$.

XLII. Trouver trois nombres tels, que le produit et la somme de deux quelconques aient entre eux un rapport assigné.

Solution. Soient x, y, z, les nombres cherchés, et supposons que $x.y=3(x+y)$, $xz=4(x+z)$, $yz=5(y+z)$; $x=N$, $y=\frac{3N}{N-3}$, $z=\frac{4N}{N-4}$. Il faudra que la troisième soit satisfaite ou que $12N^2=5(7N^2-24N)$, d'où $N=\frac{120}{23}$.

XLIII. Trouver trois nombres tels, que leurs produits, deux à deux, soient en rapports déterminés avec la somme des trois. (Solution aisée.)

XLIV. Trouver trois nombres tels, que leur somme multipliée par le premier, donne pour produit un nombre triangulaire (de la forme $\frac{x(x+1)}{2}$), que cette somme, multipliée par le second, donne un carré, et multipliée par le troisième, donne un cube.

Solution. J'appelle la somme N^2, et je suppose que $\frac{\alpha}{N^2}$, $\frac{\beta}{N^2}$, $\frac{\gamma}{N^2}$, sont les trois nombres, α sera triangulaire, β carré, γ cube. Or, la somme des trois nombres étant N^2, on trouve $N^4 = \alpha + \beta + \gamma$. Il faut donc trouver un triangulaire, un carré et un cube qui fassent en somme une quatrième puissance. Je fais le carré égal à $N^4 - 2N^2 + 1$, le cube égal à 8, le triangulaire vaudra, à cause de la dernière égalité, $2N^2 - 9$ (mais 8 fois un triangulaire $\frac{x(x+1)}{2}$ égale $(2x+1)^2 - 1$) donc $(2N^2 - 9)8 + 1$ sera un carré; nous l'égalerons à $(4N-1)^2$, d'où $N=9$. Les nombres cherchés seront $\frac{153}{81}$, $\frac{6400}{81}$, $\frac{8}{81}$.

OBS. DE FERMAT. *Bachet n'a pas fait un essai assez exact. Prenons un cube quelconque, celui dont le côté est un multiple de 3 plus* 1. *On égalera par exemple* $2N^2 - 344$ *à un triangulaire, ou* $16N^2 - 2751$ *à un carré, dont on supposera, par exemple, le côté* $4N - 3$*; mais rien n'empêche qu'au lieu du nombre* 3 *nous n'employions les autres nombres impairs à l'infini, en variant les cubes.*

Ce qui précède exige quelques explications. D'abord le problème de Diophante sera résolu si nous décomposons une quatrième puissance x^4 en un triangulaire t, un carré q et un cube c, car alors $x^4 = t + q + c$ et $x^2 = \frac{t}{x^2} + \frac{q}{x^2} + \frac{c}{x^2}$. Il est clair que le second membre de cette dernière étant égal à x^2, sa valeur multipliée successivement par $\frac{t}{x^2}$, $\frac{q}{x^2}$, $\frac{c}{x^2}$ donnera un triangulaire, un carré ou un cube; mais 8 fois un triangulaire plus 1 fait un carré

$\left(\frac{8(n)(n+1)}{2}+1=(2n+1)^2\right)$. Si, conformément à l'hypothèse de Fermat, le premier nombre donné est $2N^2-7^3-1$, on exprimera qu'il est triangulaire en faisant $16N^2-8.7^3-7$ égal à un carré à $(4N-3)^2$ par exemple. Le premier nombre étant donc triangulaire, on aura évidemment $N^4=(2N^2-7^3-1)+7^3+(N^4-2N^2+1)$. Cette dernière identité résout (après la détermination de N) le problème.

XLV. Trouver trois nombres tels, que la différence du plus grand et du moyen, soit dans un rapport donné, à la différence du moyen et du plus petit. Il faut de plus que la somme de deux quelconques des trois nombres soit un carré.

Solution. Supposons que le rapport de l'excès du grand sur le moyen soit triple de l'excès du moyen sur le plus petit; nous prendrons pour le plus petit nombre $2-N$, pour le moyen $N+2$; le plus grand surpasse le moyen du triple de l'excès $2N$ des deux premiers, il sera donc $7N+2$. Mais comme le plus petit et le moyen font en somme le carré 4, il faudra encore que le petit, plus le grand, savoir: $6N+4$; le moyen plus le grand $8N+4$ soient des carrés, ce qui sera aisé; mais il faudra que N soit moindre que 2 pour que le plus petit nombre $2-N$ soit positif. Les trois carrés de notre question sont donc: $8N+4$, $6N+4$ et 4; l'excès $2N$ du plus grand sur le moyen est le tiers de $6N$, excès du moyen sur le plus petit 4. Nous pouvons mettre $6N+4$ sous la forme x^2+4x+4, alors $8N+4$ aura la forme $\frac{4}{3}x^2+\left(5+\frac{1}{3}\right)x+4$. Cette expression, multipliée par $\frac{9}{4}$, sera encore un carré; j'égalerai donc: $3x^2+12x+9$ à $(3-\alpha x)^2$, d'où $x=\frac{12+6\alpha}{\alpha^2-3}$, mais puisque $6N+4=(x+2)^2$, si $x<2$ on a $N<2$; or, pour que $x<2$, on peut prendre $\alpha=5$. D'où $x=\frac{21}{20}$, et par suite

$N = \frac{1265}{726}$, donc les trois nombres $2 - N$, $N + 2$, $7N + 2$ seront $\frac{58}{484}$, $\frac{1878}{484}$, $\frac{7323}{484}$.

OBS. DE FERMAT. *Qu'on propose cette double égalité, savoir* $2N + 5$ *et* $6N + 3$ *égaux à des carrés, le carré égal à* $2N + 5$ *sera* 16, *et celui égal à* $6N + 3$ *sera* 36; *on peut en trouver d'autres, à l'infini, satisfaisant à la question, et il n'est pas difficile de proposer une règle générale pour la solution des questions de ce genre. De sorte que la limitation de Bachet est à peine digne d'un homme si éminent, puisqu'on peut étendre à un nombre infini de cas, et à tous les cas possibles, ce qu'il n'a trouvé que pour deux cas seulement.*

XLVI. Trouver trois nombres tels, que l'excès du carré du plus grand sur le carré du moyen soit, à la différence du moyen et du petit, dans un rapport donné. Il faut de plus que la somme de deux quelconques des trois nombres soit un carré.

Solution. Le rapport des deux différences sera 3, j'appelle le plus grand $8N^2 + \alpha$, le moyen $8N^2 - \alpha$, leur somme est un carré, et pour que le plus grand plus le petit, donne en somme un carré, je fais le petit égal à $N^2 - \alpha$. La différence des carrés du grand et du moyen, c'est-à-dire $32\alpha N^2$, vaut 3 fois $7N^2$, différence du moyen et du petit; d'où on conclut : $\alpha = \frac{21}{32}$, il restera à faire que la somme du moyen $8N^2 - \frac{21}{32}$, plus le petit $N^2 - \frac{21}{32}$, soit un carré. Cette somme $9N^2 - \frac{42}{32}$ sera égalée à $(3N - 6)^2$, d'où $N = \frac{596}{576}$; par suite le premier nombre sera : $\frac{3069000}{331776}$, le second, $\frac{2633544}{331776}$, le troisième, $\frac{138681}{331776}$.

LIVRE V.

I. Trouver trois nombres en progression géométrique tels, que, en diminuant chacun d'un nombre donné, les trois restes soient des carrés.

Solution. Nombre donné 12; or il est aisé de trouver un carré tel que $42+\frac{1}{4}$, qui, diminué de 12, donne pour reste un carré. Posons la proportion $42+\frac{1}{4}:\left(6+\frac{1}{2}\right)N::\left(6+\frac{1}{2}\right)N:N^2$, il faudra déterminer N de telle sorte que N^2-12 et $\left(6+\frac{1}{2}\right)N-12$ soient des carrés. Ces carrés auront pour différence $N^2-\left(6+\frac{1}{2}\right)N=N\left(N-\left(6+\frac{1}{2}\right)\right)$. Le côté du plus petit des carrés vaudra la demi-différence des facteurs, ou $3+\frac{1}{4}$, par suite $N=\frac{361}{104}$. Le premier nombre sera : $42+\frac{1}{4}$, le second $\frac{2346}{104}$, le troisième $\frac{130321}{10816}$.

II. Trouver trois nombres en progression géométrique tels, que la somme qu'on obtient, en ajoutant à chacun un nombre donné, soit un carré.

Solution. Nombre donné 20. Cherchons un carré α^2 qui, augmenté de 20, donne pour somme un nouveau carré; et posons $\alpha^2:\alpha N::\alpha N:N^2$. Il faudra déterminer N de telle sorte que $\alpha N+20$ et N^2+20 soient des carrés; la différence de ces carrés sera $N(N-\alpha)$; le plus petit de ces carrés aura pour côté $\frac{\alpha}{2}$, demi-différence des facteurs; on aura donc $\alpha N+20=\frac{\alpha^2}{4}$. Pour que N soit positif, il faut que $\frac{\alpha^2}{4}>20$; posant $\alpha=\frac{19}{2}$ on satisfait à cette condition, et par suite

$x = \frac{41}{152}$. Le premier nombre sera $90 + \frac{1}{4}$, le second $\frac{3891}{1522}$, le troisième $\frac{1681}{23104}$.

III. Trouver trois nombres tels, que si à chacun d'eux, ou à chacun de leurs produits deux à deux, on ajoute un nombre donné, les sommes soient toujours des carrés.

Solution. Diophante fait usage du lemme suivant : si on a les deux quantités $\alpha^2 - m$, $(\alpha+k)^2 - m$, on pourra former les trois expressions : $\frac{\alpha^2 - m}{k}$, $\frac{(\alpha+k)^2 - m}{k}$, $\frac{2(\alpha^2 + (\alpha+k)^2 - 2m) - k^2}{k}$, qui multipliées deux à deux, et les produits étant augmentés de m, feront toujours des carrés. Dans l'exemple actuel, le nombre donné est 5 ; Diophante, conformément aux trois expressions précédentes, supposant $k=1$, $m=5$, prend les trois quantités : $(x+3)^2 - 5$, $(x+4)^2 - 5$ et $2(x+3)^2 + 2(x+4)^2 - 21$ qui satisfont à toutes les conditions du problème, pourvu que la dernière expression $4x^2 + 28x + 29$, augmentée de 5 fasse un carré, par exemple $(2x+6)^2$; d'où $x = \frac{1}{26}$; par suite les trois nombres demandés seront $\frac{2861}{676}$, $\frac{7645}{676}$, $\frac{2036}{676}$.

OBS. DE FERMAT. *De cette proposition on peut facilement déduire la question suivante : Trouver quatre nombres, par cette condition que le produit de deux quelconques, augmenté d'un nombre donné, fasse un carré. Trouvons trois nombres satisfaisant à la question, de telle sorte que chacun d'eux, augmenté d'un nombre donné, fasse un carré, d'après la proposition précédente ; appelons le nombre qui reste à trouver* $x+1$, *il en résultera une triple égalité dont la solution sera immédiate par le moyen de notre méthode.*

(voyez la note à la 24e question du livre 6). Ainsi sera résolue la question que propose Bachet à la 12e proposition du livre 3 de Diophante, par notre méthode, qui est de beaucoup plus générale que celle de Bachet, et qui dans notre solution présente cela de particulier que les trois premiers nombres, augmentés d'un nombre donné, font des carrés. Mais la question peut-elle être résolue par le même procédé si le quatrième nombre, augmenté du nombre donné, doit faire un carré? Jusqu'ici nous l'ignorons; cela sera recherché ultérieurement.

IV. Trouver trois nombres tels, qu'en diminuant chacun d'eux d'un nombre donné, et en diminuant aussi chacun de leurs produits deux à deux de ce nombre, les restes soient des carrés.

Solution. Nombre donné 6. On suivra la méthode de la question précédente. Les nombres du problème auront la forme : N^2+6, $(N+1)^2+6$, $2N^2+2(N+1)^2+26-1$.

V. Trouver trois carrés tels, qu'un produit de deux quelconques, augmenté de leur somme, ou du troisième carré, donne en somme un carré.

Solution. α^2, $(\alpha+1)^2$, $2\alpha^2+2(\alpha+1)^2+2$ sont des quantités telles que le produit de deux de ces quantités augmenté de leur somme, ou de la quantité qui reste, donne pour résultat un carré. Diophante suppose $\alpha=N+1$. Les trois quantités $(N+1)^2$, $(N+2)^2$, $2(N+1)^2+2(N+2)^2+2$ satisfont à l'énoncé pourvu que la dernière soit un carré, par exemple le carré de $(2N-6)$; d'où $N=\frac{2}{3}$, et les nombres cherchés sont : $\frac{25}{9}$, $\frac{64}{9}$, $\frac{196}{9}$.

VI. Trouver trois nombres tels, qu'en ôtant 2 de chacun, les restes soient des carrés, et qu'en ajoutant au produit de deux quelconques la somme des facteurs, les résultats soient des carrés.

Solution. Nombres $N^2+2, (N+1)^2+2, 4N^2+4N+6$, il reste à trouver N par cette condition que le dernier moins 2, fasse un carré; on égale donc : $4N^2+4N+4$ à $(N-2)^2$, d'où $N=\frac{3}{5}$. Le premier nombre est $\frac{59}{25}$, le second $\frac{114}{25}$, le troisième $\frac{245}{25}$.

VII. Trouver deux nombres tels, que si on ajoute leur produit avec la somme des carrés des deux, le résultat soit un carré.

Solution. Premier nombre 1, second N, il faut que N^2+N+1 soit un carré. On l'égale à $(N-2)^2$, d'où $N=\frac{3}{5}$.

VIII. Trouver trois triangles rectangles de même aire.

Solution. Considérons l'expression $(x^2-y^2)^2+(2xy)^2$ .. ..$=(x^2+y^2)^2$. Diophante cherche deux nombres dont le produit, plus la somme des carrés, fasse un carré. La question précédente donne pour ces nombres 1, $\frac{3}{5}$, ou 5, 3. On trouve en effet $5^2+3^2+5.3=7^2$. Cela posé, on remplace dans la formule x et y par 3, 7, par 5, 7, par 7, $3+5=8$, et on forme les trois triangles rectangles : 40, 42, 58; 20, 70, 74; 15, 112, 113, dont l'aire est 840.

OBS. DE FERMAT. *Mais peut-on trouver 4, ou plusieurs triangles rectangles en nombre infini, de même aire. Rien ne paraît s'opposer à ce que la question soit possible, cela sera recherché ultérieurement; nous avons de plus construit ce problème : Etant donnée l'aire d'un triangle, trouver une infinité de triangles rectangles de même aire. Etant donnée l'aire, 6 qui appartient au triangle dont les côtés sont 3,*

4, 5, en voici un autre de même aire : $\frac{7}{10}$, $\frac{120}{7}$, $\frac{1201}{70}$, ou si on veut le même dénominateur : $\frac{49}{70}$, $\frac{1200}{70}$, $\frac{1201}{70}$.

Notre méthode constante et perpétuelle est celle-ci : Qu'on prenne un triangle quelconque dont l'hypothénuse soit z, la base b, la hauteur d, de celui-ci on déduit un autre triangle dissemblable de même aire; il est formé de z^2 et de $2bd$, en appliquant aux côtés les termes $2zb^2 - 2zd^2$. (La formule générale du triangle rectangle est : $(x^2 - y)^2 + (2xy)^2 = (x^2 + y^2)^2$, si on fait dans cette formule $x = z^2 = b^2 + d^2$, $y = 2bd$, on trouve aisément, en divisant par $2z(b^2 - d^2)$ que les côtés du triangle rectangle sont : $\frac{(b^2 - d^2)^2}{2z(b^2 - d^2)}$, $\frac{(4bdz^2)}{2z(b^2 - d^2)}$, et l'hypothénuse $\frac{b^4 + 6b^2d^2 + d^4}{2z(b^2 - d^2)}$.)

Ce nouveau triangle aura une aire égale à l'aire du précédent; de ce second triangle, par la même méthode un troisième sera formé, du troisième un quatrième, du quatrième un cinquième, et il sera fait à l'infini des triangles dissemblables de même aire; et qu'on ne doute pas qu'on en puisse avoir d'autres que les trois donnés par Diophante, savoir : 1° 40, 42, 58; 2° 24, 70, 74; *et* 3° 15, 112, 113. *Ajoutons-en un quatrième dissemblable et cependant de même aire :*

$\frac{1412881}{1189}$ *hypothénuse*, $\frac{1412880}{1189}$ *base*, $\frac{1681}{1189}$ *hauteur.*

Ces triangles, par la réduction au même dénominateur, donneront, en nombres entiers, les suivants de même aire :

Premier	47560	...	49938	...	68962.
Second	28536	...	83230	...	87986.
Troisième	17835	...	133168	...	134357.
Quatrième	1681	..	1412880	..	1412881.

De la même manière on trouvera à l'infini des triangles de même aire ; et la question suivante sera un pas au delà des limites posées par Diophante :

Voici, par une autre méthode, un triangle dont l'aire est égale à six fois un carré, comme pour le triangle 3, 4, 5 ; *savoir :* 2896804, 7216803, 7776485.

IX. Trouver trois nombres tels, qu'en augmentant ou en diminuant chacun d'eux de la somme de trois, les résultats soient toujours des carrés.

Solution. On considère les trois triangles de même aire de la question VIII, et on prend les trois nombres 58 N, 74 N, 113 N, supposant leur somme 245 N égale à 4 fois l'aire 840 N², on trouve $N = \frac{7}{96}$. Le premier nombre est donc : $\frac{406}{96}$, le second $\frac{518}{96}$, le troisième $\frac{791}{96}$.

OBS. DE FERMAT. *Par ce qui a été dit ci-dessus, nous pouvons résoudre généralement ce problème : Trouver autant de nombres que l'on voudra tels, que le carré de chacun, augmenté ou diminué de leur somme, fasse un carré. Peut-être Bachet a-t-il ignoré cette question, car il aurait étendu les règles de Diophante, comme il l'a fait à la* 31e *question du livre* 4e *et en d'autres endroits, s'il en avait découvert la solution. (La* 31e *question de Diophante est la suivante : Trouver quatre carrés dont la somme, augmentée de la somme des racines, fasse un nombre donné.*

X. Etant donnés trois carrés, on peut trouver trois nombres qui, multipliés deux à deux, fassent trois produits égaux à ces carrés.

Solution. Carrés donnés 4, 9, 16 ; nombres cherchés N, $\frac{4}{N}$, $\frac{9}{N}$, deux conditions seront remplies ; il faudra de plus que $\frac{36}{N^2} = 16$, d'où $N = \frac{3}{2}$. Nombres cherchés : $\frac{3}{2}$, $\frac{8}{3}$, 6.

XI. Trouver trois nombres tels, que le produit de deux quelconques, diminué de leur somme, fasse un carré.

Solution. Nous avons trouvé trois carrés, IX, savoir : $58^2 = 3364$, $74^2 = 5476$, $113^2 = 12769$ qui diminués de 3360 (4 fois l'aire) laissent pour restes des carrés ; nous avons aussi trouvé des nombres qui, multipliés deux à deux, font des carrés, X ; si les carrés sont $58^2 N^2$, $74^2 N^2$, $113^2 N^2$, les nombres seront $\frac{4292}{113} N$, $\frac{4181}{29} N$, $\frac{3177}{37} N$. Egalons leur somme à $3360 N^2$, d'où $N = \frac{781543}{9699920}$; les trois nombres du problème seront : $\frac{838595639}{27402274}$, $\frac{3267631283}{281297680}$, $\frac{2561116411}{358897040}$.

XII. Diviser l'unité en deux parties telles, que la somme de chaque partie et d'un nombre donné soit un carré.

Solution. Soit le nombre donné 6, chaque partie de l'unité plus 6 doit être un carré ; la somme des deux carrés égale donc 13. Je désignerai par $2 + 11 N$ le côté du premier carré, et par $3 - 9 N$ le côté du second ; la somme des carrés vaut 13 ou $202 N^2 - 10 N + 13 = 13$; d'où $N = \frac{5}{101}$ les côtés des carrés seront $\frac{257}{101}$, $\frac{258}{101}$, si de ces carrés nous ôtons 6, il restera pour les segments de l'unité $\frac{5358}{10201}$ et $\frac{4843}{10201}$.

Il est clair que la possibilité de la solution tient à ce que $3^2 + 2^2 = 13$, et que 9, 11 coefficients de N sont tels que le carré $(3 - 9N)^2$ tombe entre 6 et 7 ; en mettant au lieu de 9 et 11, α, β, on aurait facilement trouvé les limites des nombres qui doivent être coefficients de N. En effet un des carrés vaudra évidemment $6+\frac{1}{2}+m$, l'autre $6+\frac{1}{2}-m$; il est facile de déterminer m, de telle sorte que $6+\frac{1}{2}+m$ soit un carré, je trouve $m=\frac{1}{400}$; pour arriver à ce résultat je n'ai qu'à faire $m=\frac{1}{4\text{N}^2}$ et poser $6+\frac{1}{2}+\frac{1}{4\text{N}^2}=\frac{\text{N}^2}{4}$, d'où $1+26\text{N}^2=\text{N}^4=(1+5\text{N})^2$, $\text{N}=\frac{1}{10}$, par suite $m=\frac{1}{400}$. D'où $6+\frac{1}{2}+\frac{1}{400}=\frac{51^2}{20^2}$. Je pose actuellement $2+\alpha\text{N}=\frac{51}{20}$, d'où $\alpha\text{N}=\frac{11}{10}$. Je puis faire $\alpha=11$, et alors N est une fraction positive.

OBS. DE FERMAT. *Le nombre 21 ne peut pas être divisé en fractions en deux carrés, nous pouvons facilement démontrer cela, et plus généralement, que tout nombre dont le tiers n'est pas lui-même divisible par trois, ne peut être décomposé en deux carrés, ni entiers ni fractionnaires.*

Diophante pose une restriction au nombre donné dans la 12ᵉ question, que Bachet ne paraît pas saisir : Fermat en confirme l'utilité dans l'observation suivante.

OBS. DE FERMAT. *Cette limitation est vraie et générale, puisqu'elle exclut tous les nombres inutiles; il faut que le nombre donné ne soit pas impair et que le quotient de son double, augmenté d'une unité par le plus grand carré qui le mesure, ne puisse être divisé par aucun nombre premier égal à un multiple de 4 diminué de 1.*

Ceci paraît mériter quelques éclaircissements : reprenons le problème de Diophante, et appelons a le nombre entier dont il faut augmenter chaque segment de l'unité, le premier segment étant $\frac{1}{2}+x$, le second sera $\frac{1}{2}-x$, et d'après l'énoncé, on posera : $a+\frac{1}{2}+x=y^2$, $a+\frac{1}{2}-x=z^2$, d'où $2a+1=y^2+z^2$. Or, si a était impair et par suite de la forme $2n+1$, le premier membre serait de la forme $4n+3$ ou $4n'-1$, et d'après Fermat tout nombre de cette forme ne saurait être la somme de deux carrés. n étant supposé pair, la dernière égalité est de la forme $4n+1=x^2+y^2$; or si x, y ne sont pas premiers entre eux et qu'ils aient un facteur commun k, on aura : $4n+1=k^2(x'^2+y'^2)$, par suite $\frac{4n+1}{k^2}=x'^2+y'^2$; or le quotient du premier membre étant la somme de deux carrés, ne saurait être divisé par aucun nombre premier de la forme $4n-1$, ce qui est encore un théorème de Fermat.

XIII. Diviser l'unité en deux parties telles, que chacune, plus un nombre donné (différent pour chaque partie), fasse en somme un carré.

Solution. Nombres donnés 2, 6; la somme des carrés vaudra 9, le premier de ces carrés sera entre 2 et 3; or, entre 2 et 3 on peut trouver 2 carrés par le procédé du problème précédent, savoir : $\left(\frac{17}{12}\right)^2=\frac{289}{144}$, $\left(\frac{19}{12}\right)^2=\frac{361}{144}$; il suffit donc de trouver deux carrés dont la somme soit 9, et pour le côté du premier un nombre entre $\frac{17}{12}$ et $\frac{19}{12}$. Supposons que les carrés cherchés soient $9-N^2$ et N^2, je pose $9-N^2=(3-\alpha N)^2$, d'où $N=\frac{6\alpha}{1+\alpha^2}$; or, $\alpha=3+\frac{1}{2}$, fait que le côté du carré $3-\alpha N$ est entre les limites voulues; on a par suite $N=\frac{84}{53}$; les segments de l'unité seront $\frac{1438}{2809}$, et $\frac{1371}{2809}$.

XIV. Diviser l'unité en trois parties telles, qu'en ajoutant à chacune le même nombre, la somme soit toujours un carré.

Solution. Soit 3 le nombre donné. La somme des trois carrés vaudra 10; or, le tiers de ce nombre est $3+\frac{1}{3}$; je puis trouver une fraction qui, ajoutée à $3+\frac{1}{3}$ fasse une somme carrée, cette fraction sera $\frac{1}{36}$ car, $3+\frac{1}{3}+\frac{1}{36}=\frac{11^2}{6^2}$.

Je cherche trois carrés dont la somme soit 10, et dont les côtés approchent de $\frac{11}{6}$; or, 10 se décompose en trois carrés, 9, $\frac{16}{25}$, $\frac{9}{25}$. Pour remplacer ces carrés par trois autres qui remplissent les conditions voulues, faisons les côtés des carrés cherchés égaux à $3-35\,\text{N}$, $\frac{4}{5}+31\,\text{N}$, $\frac{3}{5}+37\,\text{N}$. La somme des carrés étant égale à 10, on aura $\text{N}=\frac{116}{3555}$; c'est en égalant $3-\alpha\,\text{N}$, $\frac{4}{5}+\beta\,\text{N}$, $\frac{3}{5}+\gamma\,\text{N}$ à $\frac{11}{6}$ qu'on détermine les limites de α, β, γ.

Diophante pose une limitation pour le nombre donné : Il faut, dit-il, qu'il ne soit pas pair, ni tel que augmenté de 2, il devienne multiple de 8. Bachet, de son côté, étudie la question, et il donne la limitation suivante. On doit exclure tous les nombres dont le triple augmenté de 1 n'est pas un carré, ni composé de deux ou de trois carrés. Fermat rectifie ces deux limitations de la manière suivante :

OBS. DE FERMAT. *La limitation de Bachet est elle-même insuffisante, de plus ses essais (jusqu'au nombre 325) n'ont pas été faits avec assez de soin, car 37 tombe dans la limitation et non dans la règle.*

La vraie limitation est ainsi conçue :

Qu'on prenne deux progressions dont la raison soit 4, l'une commençant par 1, l'autre par 8 : écrivons-les, l'une au-dessous de l'autre, ainsi qu'il suit :

1 .	4 .	16 .	64 .	256 .	1024 .	4096,	etc.
8 .	32 .	128 .	512 .	2048 .	8192 .	32768,	etc.

Considérant d'abord le premier terme 8 de la seconde, il faut que le nombre donné ne soit pas double de l'unité qui lui est superposée; il ne doit pas surpasser de deux unités un multiple de 8.

Ensuite, en considérant le deuxième terme 32 de la seconde progression, qu'on prenne le double du nombre 4 qui lui est superposé, on trouve 8; *si on ajoute à ce nombre les termes de la progression supérieure qui précèdent* 4, *on trouve* 9; *prenant donc les deux nombres* 32 *et* 9, *il faut que le nombre donné ne soit ni* 9 *ni un multiple de* 32 *plus* 9. *Considérons le troisième terme* 128 *de la seconde progression; prenons le double de* 16 *qui lui est superposé, on trouve* 32 *qui, augmenté des nombres précédents* 4 *et* 1 *de la première progression, donne* 37. *Considérant donc les nombres* 128 *et* 37, *il faut que le nombre donné ne soit ni* 37 *ni un multiple de* 128 *augmenté de* 37.

Considérant ensuite le quatrième terme de la seconde progression, on trouvera par la méthode précédente 512 *et* 149; *c'est pourquoi il faudra que le nombre donné ne soit ni* 149 *ni* 149 *augmenté d'un multiple de* 512, *et ce procédé constant et uniforme s'applique indéfiniment. Diophante ne l'a pas généralement indiqué, Bachet ne l'a pas découvert, et de plus, il s'est trompé dans ses essais, comme nous l'avons remarqué, non-seulement pour le nombre* 37 *qui est dans les limites des épreuves qu'il croit exactes, mais même pour le nombre* 149 *et pour d'autres nombres.*

XV. Diviser l'unité en trois parties qui, augmentées chacune d'un nombre différent, donnent en somme des carrés.

Solution. Les trois nombres seront 2, 3, 4, la somme des carrés sera donc égale à 10, le premier sera $> 2 < 2+\frac{1}{2}$, le second $> 3 < 3+\frac{1}{2}$, le troisième $> 4 < 4\frac{1}{2}$. Nous diviserons d'abord 10 en deux carrés, dont l'un soit compris entre 2 et $2+\frac{1}{2}$, et le carré suivant en deux, dont un sera compris entre 3 et $3+\frac{1}{2}$; si des carrés ainsi trouvés, je retranche 2, 3, 4, j'aurai les trois parties de l'unité.

XVI. Diviser un nombre donné en trois parties qui, ajoutées deux à deux, fassent en somme des carrés.

Solution. Le nombre donné est 10, les sommes des parties deux à deux, réunies ensemble, feront le double de 10 ou 20, 20 sera donc la somme de trois carrés chacun moindre que 10. Mais $20 = 16 + 4$, il faut donc décomposer 16 en deux carrés, et le problème sera résolu.

XVII. Diviser un nombre donné en quatre parties qui, ajoutées trois à trois, fassent quatre sommes qui soient des carrés.

Solution. Nombre donné 10, les parties étant trouvées et ajoutées trois à trois, on obtiendra quatre carrés dont la somme égalera 30. Or, il est aisé de décomposer ce nombre en quatre carrés moindres que 10. Prenons d'abord 4 et 9, il reste à décomposer 17 en deux carrés moindres que 10, j'en chercherai d'abord un entre $\frac{17}{2}$ et 10 (cela est facile en posant $\frac{17}{2} + \frac{1}{4N^2} = \frac{N^2}{4}$, d'où $34N^2 + 1 = N^4 = (1 + \alpha N)^2$), ce carré servira de limite.

XVIII. Trouver trois nombres tels que le cube de leur somme ajouté à chacun d'eux fasse un cube.

Solution. J'appelle les nombres αN^3, βN^3, γN^3, et leur somme N, puis $(\alpha + \beta + \gamma) N^3$ doit égaler N, $\alpha + \beta + \gamma = \frac{1}{N^2}$, ou un carré; de plus, le cube de la somme étant N^3, il faudra que $(\alpha + 1) N^3$, $(\beta + 1) N^3$, $(\gamma + 1) N^3$ soient des cubes; le problème est ramené à trouver trois nombres α, β, γ qui, augmentés de 1 fassent des cubes, et dont la somme soit un carré. Je prends, $\alpha = (N' + 1)^3 - 1$, $\beta = (2 - N')^3 - 1$, $\gamma = 2^3 - 1$, $\alpha + \beta + \gamma = 9N'^2 - 9N' + 14$, j'égale cette dernière expression à $(3N'^3, -4)$ et je trouve $N' = \frac{2}{15}$, par suite : $\alpha = \frac{1538}{3375}$ $\beta = \frac{18077}{2375}$, $\gamma = 7$; mais $\frac{1}{N^2} = \alpha + \beta + \gamma$, $N = \frac{15}{24}$ et tout est connu.

XIX. Trouver trois nombres tels, que le cube de leur somme diminué de chacun d'eux fasse un cube.

Solution. Diophante pose la somme de trois égale à N, le premier à $\frac{7}{8}$ N^3, le second $\frac{26}{27}$N^3, le troisième $\frac{63}{64}$N^3. Le texte est altéré; voir la solution de Fermat.

Pour saisir le sens de l'observation de Fermat, il faut avoir une idée de la méthode de Diophante. Appelons les trois nombres $(1-\alpha^3)\,a^3$, $(1-\beta^3)\,a^3$, $(1-\gamma^3)\,a^3$, et posons la somme $a^3(3-\alpha^3-\beta^3-\gamma^3)=a$. Il est clair que si α, β, γ sont déterminés par cette égalité, le cube a^3 de la somme diminué de chaque partie donnera pour reste les cubes $\alpha^3 a^3$, $\beta^3 a^3$, $\gamma^3 a^3$; or l'égalité se met sous la forme $3-\alpha^3-\beta^3-\gamma^3=\frac{1}{a^2}$, pour que tout soit positif, il suffit de trouver trois cubes plus petits que l'unité, dont nous pouvons aussi sans inconvénient supposer la somme plus petite que l'unité, et tels que cette somme retranchée de 3 donne pour reste un carré $\frac{1}{a^2}$.

OBS. DE FERMAT. *Diophante n'expose pas sa méthode pour la solution, ou bien le texte grec a été corrompu. Bachet croit que Diophante s'est appuyé seulement sur un cas particulier, ce que nous n'admettons pas, parce que nous ne pensons pas que la méthode de Diophante soit difficile à trouver. Il faut trouver un carré plus grand que* 2, $\left(\frac{1}{a^2}\right.$ *est par suite de ce qui précède plus grand que* 2) *et plus petit que* 3, *dont la différence avec* 3 *soit un reste qu'on divisera en trois cubes.* $\left(3-\frac{1}{a^2}=\alpha^3+\beta^3+\gamma^3\right)$. *Supposons que le côté du carré soit* N — 1, *ce carré étant soustrait de* 3, *on aura pour reste* $2-N^2+2N$, *il faut trouver trois cubes qui, en somme égalent cette quantité, et il faut les imaginer de telle sorte que l'égalité ne contienne que des termes différents pour leur degré d'une unité, ce qui peut se faire d'une infinité de manières, soit* $1-\frac{N}{3}$ *le côté d'un des cubes* 1 + N *le côté de l'au-*

tre (de sorte que dans la somme de ces cubes se trouve le terme 2N*); il faut enfin composer le troisième en nombres, de telle sorte que sa valeur ne fasse pas évanouir les termes qu'on cherche. Ce troisième cube sera pris avec le signe —* ($-\varepsilon\text{N}$) *et il n'est pas difficile de trouver un facteur à* N *dont la valeur réduise l'égalité aux conditions posées d'avance; cela fait, il est évident que le premier cube est moindre que l'unité, le second plus grand, et le troisième négatif. Or il est clair qu'on peut égaler la différence du second et du troisième à la somme de deux cubes; ainsi donc nous sommes amenés, comme Diophante, à ce second problème.*

Mais, dit (Diophante), nous avons établi dans les porismes que la différence de deux cubes peut valoir la somme de deux cubes.

Bachet s'arrête de nouveau, et privé des porismes de Diophante, il affirme que cette seconde question manque de solution, car il n'enseigne à diviser la différence de deux cubes en deux autres cubes, qu'avec cette condition que le plus grand des deux cubes excède le double du plus petit; mais il avoue qu'il ignore comment la différence de deux cubes peut être divisée en deux autres cubes. Nous avons trouvé ci-dessus, à la seconde question du 4ᵉ Livre, une méthode générale facile pour résoudre cette question et celles de même nature.

D'après la question, le carré $\frac{1}{a^2}$ représenté par $(\text{N}-1)^2$ doit être compris entre 2 et 3, par suite N doit être compris entre $1+\sqrt{2}$ et $1+\sqrt{3}$; or, après nous être donné, les côtés $1-\frac{\text{N}}{3}$, $1+\text{N}$ des deux premiers cubes, nous prendrons pour côté du troisième $-\iota\text{N}$ et dans l'égalité $2+2\text{N}-\text{N}^2=\left(1-\frac{\text{N}}{3}\right)^3+(1+\text{N})^3-\iota^3\text{N}^3$ qui devient du premier degré, nous disposerons de ι pour que N reste compris entre les limites ci-dessus; mais comme le problème de Diophante exige qu'on connaisse trois cubes positifs plus petits que 1, il faudra encore résoudre le second problème que Fermat indique.

XX. Trouver trois nombres tels que le cube de leur somme étant soustrait de chacun d'eux, les restes soient des cubes.

Solution. J'appelle la somme des nombres N, le premier $(\alpha^3+1)N^3$, le second $(\beta^3+1)N^3$, le troisième $(\gamma^3+1)N^3$. Le problème sera résolu si $\alpha^3+\beta^3+\gamma^3+3=\frac{1}{N^2}$ est un carré, je pose $\alpha=N'$, $\beta=3-N'$, $\gamma=1$; il faudra alors que $9N'^2-27N'+31$ soit un carré. Par exemple $(3N'-7)^2$, d'où $N'=\frac{6}{5}$, par suite $\alpha=\frac{6}{5}$, $\beta=\frac{9}{5}$, $\gamma=1$, enfin l'égalité $\alpha^3+\beta^3+\gamma^3+3=\frac{1}{N^2}$ donne $N=\frac{5}{17}$, tout est connu.

XXI. Trouver trois nombres dont la somme soit un carré et tels qu'en ajoutant au cube de cette somme chacun des nombres, les résultats soient toujours des carrés.

Solution. La somme sera N^2, le premier nombre αN^6, le second βN^6, le troisième γN^6; le cube de la somme étant N^6, il faut que $1+\alpha$, $1+\beta$, $1+\gamma$ soient des carrés, et que $\alpha+\beta+\gamma=\frac{1}{N^4}$ soit une quatrième puissance. Je pose $\alpha=(N'^2-1)^2-1$, $\beta=(N'+1)^2-1$, $\gamma=(N'-1)^2-1$. La somme étant N^4, toutes les conditions sont remplies, quelles que soient les valeurs de N' et de N.

XXII. Trouver trois nombres égaux en somme à un nombre donné, et tels que le cube de leur somme diminué de chacun d'eux, laisse pour reste un carré. Le texte de Diophante est entièrement corrompu.

XXIII. Diviser une fraction en trois parties telles, que si de chacune je soustrais le cube de la somme, les restes soient des carrés.

Solution. Fraction donnée $\frac{1}{4}$ son cube $\frac{1}{64}$. Or, $\frac{1}{4}=\frac{16}{64}$

je divise $\frac{13}{64}$ trois carrés. $\alpha^2+\beta^2+\gamma^2=\frac{13}{64}$; à chacun j'ajoute $\frac{1}{64}$ et les parties cherchées seront $\alpha^2+\frac{1}{64}$, $\beta^2+\frac{1}{64}$, $\gamma^2+\frac{1}{64}$.

XXIV. Trouver trois carrés tels, que le produit qu'ils forment, augmenté d'un quelconque d'entre eux, fasse un carré.

L'observation de Fermat doit être précédée d'un sommaire de la méthode incomplètement indiquée par Diophante. Désignons les trois carrés cherchés par $\alpha^2 N^2$, $\beta^2 N^2$, $\gamma^2 N^2$; posons $\alpha^2\beta^2\gamma^2 N^6 = N^2$ ou $\alpha^2\beta^2\gamma^2=\frac{1}{N^4}$. Il faudra, d'après la condition du problème, que $N^2+\alpha^2 N^2$, $N^2+\beta^2 N^2$, $N^2+\gamma^2 N^2$ soient des carrés, par suite que $1+\alpha^2$, $1+\beta^2$, $1+\gamma^2$ soient des carrés, ou que α, β, γ soient côtés d'un triangle rectangle dont la base serait toujours égale à 1, et dont les aires seraient $\frac{\alpha}{2}$, $\frac{\beta}{2}$, $\frac{\gamma}{2}$. D'après l'égalité qu'on a d'abord posée, $\alpha, \beta.\gamma=\frac{1}{N^2}$; prenons $\alpha=\frac{3}{4}$, $\left(1+\alpha^2=\frac{25}{16}\right)$. Fermat forme un triangle avec $2r+s$ et $r-s$ (c'est-à-dire que ces deux quantités sont les valeurs de x, y qui satisfont à l'égalité $(x^2-y^2)^2+(2xy)^2=(x^2+y^2)^2$,) ses côtés de l'angle droit seront $3r(r+2s)$ ou (x^2-y^2) et $(2r+s)(r-s)$ ou $2xy$, et il forme un autre triangle avec $r+2s$ et $r-s$ dont les côtés de l'angle droit seront $3s(2r+s)$ et $(r+2s)(r-s)$, il prend $\beta=\frac{3r(r+2s)}{(2r+s)(r-s)}$ et $\gamma=\frac{3s(2r+s)}{(r+2s)(r-s)}$, alors $\alpha.\beta.\gamma=\frac{3^3 r.s}{4(r-s)^2}$; mais r et s sont arbitraires, on peut faire $r=3s$, alors $\alpha.\beta.\gamma=\frac{3^4.s^2}{4(2s)^2}$, et le problème est résolu. Nous avons supposé que les trois triangles rectangles avaient un côté de l'angle droit égal à l'unité, et nous avons exprimé que le produit $\alpha\beta\gamma$ des trois aires doublées était un carré, Diophante et Fermat ne supposent pas que un côté des triangles qu'ils choisissent soit égal à 1, ils expriment néanmoins que le produit de leurs trois doubles aires est un carré. Au reste, des triangles dont les côtés sont des nombres quelconques on peut passer par la division à d'autres triangles semblables dont un côté égale l'unité ; cela ne change en rien la méthode que nous avons indiquée.

OBS. DE FERMAT. *Je rétablis et j'explique la méthode de Diophante que Bachet n'a pas conçue. Puisque le premier triangle (que choisit Diophante) est 3, 4, 5, le rectangle de ses côtés (de l'angle droit) est 12; de là il suit, dit Diophante, qu'on doit trouver deux triangles tels, que le produit des côtés de l'angle droit du premier, multiplié par le produit des mêmes côtés du second, soit 12, et la raison est qu'alors le produit des côtés de l'un, par le produit des côtés de l'autre sera un nombre égal à 12; et de leur multiplication (par la double aire du triangle 3, 4, 5) résultera un carré, ce que veut la proposition. Ainsi, continue Diophante, le produit de l'aire par l'aire sera 12, ce qui est évident de soi-même. Ensuite (si on prend 12 et 3), puisqu'en divisant 12 par le nombre 4 qui est un carré on a 3, et de la multiplication il résulte toujours un carré, car un carré divisé par un carré, donne un carré.*

Le reste de ce que dit Diophante ne convient pas au but proposé, mais nous le rétablissons ainsi :

Soit fait un triangle avec 7, 2 (nombres qui satisfont à $(x^2 - y^2)^2 + (2xy)^2 = (x^2 + y^2)^2$*) l'autre avec 5 et 2, le premier triangle (ses côtés seront 45, 28) sera triple du second (côtés 21, 20), et les deux satisferont au but proposé (car la première aire double est 12, les deux autres doublées sont* $45 \cdot 28 = 3 \cdot 21 \cdot 20$*, et* $21 \cdot 20$ *leur produit sera un carré). Or, la règle générale pour trouver deux triangles rectangles dans un rapport donné est celle-ci: soit le rapport donné* $r : s$, $r > s$ *le plus grand triangle sera formé de* $2r + s$ *et* $r - s$*, le plus petit de* $r + 2s$ *et* $r - s$*. Autrement, que le premier triangle soit fait avec* $2r - s$ *et* $r + s$*, le second avec* $2s - r$ *et* $r + s$*. Autrement, que le premier triangle soit formé de* $6r$ *et de* $2r - s$*, le second de* $4r + s$ *et de* $4r - s$*. Autrement, que le premier soit formé de* $r + 4s$ *et de* $2r - 4s$*, le second de* $6s$ *et de* $r - 2s$*. De ce qui a été dit, on peut déduire une méthode pour trouver trois* *triangles rectangles, en proportion de trois nombres donnés, avec cette condition que deux nombres donnés vaillent quatre fois celui qui reste : par exemple, soient r, s, t les trois nombres, et supposons que r et t soient en somme le quadruple de s, les trois triangles seront ainsi formés : le premier de* $r+4s$ *et de* $2r-4s$, *le second de* $6s$ *et de* $r-2s$, *le troisième de* $4s+t$ *et de* $4s-2t$, *nous avons supposé* $r>t$.

De là se déduira une méthode, de trouver en nombres trois triangles rectangles, dont les aires constituent un triangle rectangle, ainsi que la question suivante : trouver un triangle rectangle dont la base et l'hypothénuse réunies soient le quadruple de la hauteur ; cela est facile ; et le triangle sera semblable à celui-ci, 17, 15, 8. *Les trois triangles rectangles (ci-dessus) seront formés, le premier de* 49 *et* 2, *le second de* 47 *et* 2, *le troisième de* 48 *et* 1.

De là aussi se déduira une méthode pour trouver trois triangles dont les aires soient dans la raison de trois carrés donnés, tels que la somme de deux soit quadruple du restant, et par suite on pourra par la même voie trouver trois triangles de même aire.

Enfin, et d'une infinité de manières, nous pourrons construire deux triangles rectangles dans un rapport donné, en ramenant l'un ou les deux termes du rapport à des carrés donnés.

XXV. Trouver trois carrés tels, que leur produit diminué d'un quelconque des trois, donne pour reste un carré.

Nommant les trois carrés $\alpha^2 N^2$, $\beta^2 N^2$, $\gamma^2 N^2$, et supposant α, β, γ déterminés de telle sorte que le produit des trois carrés soit N^2, il faudra, par la condition du problème, que $N^2-\alpha^2 N^2$ soit carré, ou que $1-\alpha^2$ soit carré ; or α peut être considéré comme le rapport d'un côté de l'angle droit à l'hypothénuse d'un triangle rectangle ; car de la relation $b^2+c^2=a^2$ on déduit $1-\frac{b^2}{a^2}=\frac{c^2}{a^2}$, α étant donné il faudra déterminer β et γ de telle sorte que $\alpha\beta\gamma$ soit un carré.

OBS. DE FERMAT. *Pour l'élucidation et l'explication de la 25e question, relative à la méthode de Diophante que Bachet a pareillement omise, il faut chercher deux triangles, tels que le produit de l'hypothénuse et de la hauteur de l'un soit au produit de l'hypothénuse par la hauteur de l'autre, dans un rapport donné.*

Cette question qui m'a assurément longtemps fatigué (diù nos torsit) *sera éprouvée difficile par ceux qui la tenteront; enfin, nous avons découvert la méthode générale pour sa solution.*

On veut trouver deux triangles tels, que le rectangle fait avec l'hypothénuse et la hauteur de l'un, soit double du rectangle compris sous l'hypothénuse et la hauteur de l'autre. Formons un des triangles avec a, b, l'autre avec a, d (quantités qui satisfont à $(x^2-y^2)^2+(2xy)^2=(x^2+y^2)^2$), *le rectangle compris sous l'hypothénuse et la hauteur du premier, sera :* $2ba^3+2b^3a$, *le rectangle compris sous l'hypothénuse et la hauteur du second, sera :* $2da^3+2d^3a$; *donc puisque* $2ba^3+2b^3a$ *sera double de* $2da^3+2d^3a$, *on aura* $ba^3+b^3a=2da^3+2d^3a$; *divisant tout par a, il résulte:* $ba^2+b^3=2da^2+2d^3$ *et par suite* $2d^3-b^3=ba^2-2da^2$, *donc* $\frac{2d^3-b^3}{b-2d}$ *étant égalé à un carré, la question sera résolue.*

Il faut donc chercher deux nombres b et d, par cette condition que le double du cube de l'un moins le cube de l'autre, divisé ou multiplié par le dernier moins le double du premier fasse un carré. Supposons le premier nombre $n+1$ *et le second* 1. *Le double du cube du premier, moins le cube du second fait :* $2n^3+6n^2+6n+1$. *Le second, moins le double du premier, donne* $-1-2n$, *il faudra donc que le produit de* $2n^3+6n^2+6n+1$ *par* $2n+1$ *soit un carré, ce qu'il est facile de trouver en égalant ce produit* $4n^4+14n^3+18n^2+8n+1$ *à* $(2n^2+4n+1)^2$. (*Le* calcul de Fermat paraît inexact; dans la traduction on l'a rectifié); mais la proposition sera étendue à tous les rapports, si on représente un des nombres cherchés par a, plus l'excès du terme du plus grand rapport sur le moindre, et l'autre plus l'excès lui-même, comme nous l'avons fait pour la raison du double.

Dans ce cas général, si le rapport est $p : 1$, il faudra que $(pd^3 - b^3)(b - pd)$ soit carré, on posera $d = a + p - 1$, $b = p - 1$). Car par ce moyen, le nombre des unités sera toujours un carré et l'équation sera convenable. Cela exécuté, on trouvera deux nombres qui représenteront b et d, et on reviendra à la première question. Rétractant tout ce que nous avions écrit sur la vingt-cinquième question, il nous avait d'abord paru convenable de tout effacer, parce que notre problème ne convient pas à la question (de Diophante). Cependant, comme nous avons exactement construit une question autre que celle à laquelle nous avions mal à propos appliqué le présent problème, nous n'avons pas perdu, mais mal placé notre travail; aussi laissons-nous intacte l'écriture marginale.

Soumettant la question de Diophante à un nouvel examen, et employant avec soin notre méthode, nous l'avons résolue généralement; nous citerons seulement un exemple, assurés que les nombres par eux-mêmes indiqueront que notre solution n'est pas due au hasard, mais à l'art. Dans la proposition de Diophante, il faut chercher deux triangles rectangles par cette condition, que le produit formé par l'hypothénuse et la hauteur de l'un, soit au produit de l'hypothénuse par la hauteur de l'autre dans le rapport de $5 : 1$. Voici deux triangles: le premier dont l'hypothénuse sera 4854366109 la base 3608377909, la hauteur 3247227558o; le second, dont l'hypothénuse est 4263675293 8, la base 4199069548o, la hauteur 739420003 8.

XXVI. Trouver trois carrés tels, que leur produit retranché de chacun d'eux fasse un carré. Question pareille à la précédente.

XXVII. Trouver trois carrés tels, que le produit de la multiplication de deux quelconques, augmenté de l'unité, fasse un carré.

Soient x^2, y^2, z^2 les trois carrés; si $x^2y^2+1=N^2$, on aura aussi $x^2y^2z^2+z^2=(N^2z^2)$, et le problème reviendra à trouver trois carrés tels que leur produit, plus chacun d'eux, fasse un carré, ce qui a été résolu.

XXVIII. Trouver trois carrés tels, que le produit de la multiplication de deux quelconques, diminué de 1 soit un carré. (Comme la question 27, le problème se ramène au produit de trois carrés, moins un des carrés égal à un carré.)

XXIX. Trouver trois carrés tels, que le produit de deux quelconques retranché de 1, donne pour reste un carré, (Comme les deux précédentes.)

XXX. Trouver trois carrés tels, que la somme de deux quelconques et d'un nombre donné soit un carré.

Solution. Soit 15 le nombre donné, et 9 un des carrés, il en faudra trouver deux autres tels, que chacun ajouté à $9+15=24$ fasse un carré, et tels aussi que leur somme plus 15 soit un carré. Or, $24=4 . 6=3 . 8$, cela posé, nous prendrons pour les deux carrés $\left(\frac{2}{N}-3N\right)^2$ et $\left(\frac{3}{2N}-4N\right)^2$, et deux conditions seront remplies. Il faudra que la somme de ces carrés plus 15 soit un carré, ou que $25N^2+\frac{25}{4N^2}-9$ soit un carré. Si ce carré est $25N^2$, on aura $\frac{25}{4N^2}-9=0$ ou $N=\frac{5}{6}$.

OBS. DE FERMAT. *Par le moyen de ce problème, nous donnerons la solution de la question suivante, qui me paraît autrement difficile. Étant donné un nombre, en trouver quatre autres tels, que la somme de deux quelconques et du nombre donné fasse un carré. Que le nombre donné soit 15; et d'abord par le problème de Diophante, soient trouvés trois carrés tels, que la somme de deux quelconques et du nombre donné fasse un carré, et soient ces trois nombres, 9, $\frac{1}{100}$, $\frac{529}{225}$. Posons le premier des quatre nombres cherchés* $N^2 - 15$, *le second* $6N + 9$ *(parce que 9 est un des carrés et que 6 N est le double du côté du carré multiplié par N.) Posons par la même raison le troisième nombre égal à* $\frac{N}{5} + \frac{1}{100}$. *Enfin, le quatrième à* $\frac{46N}{15} + \frac{529}{225}$, *ainsi, puisque d'après les suppositions établies, il est satisfait aux trois nombres en question, car un quelconque des nombres ajouté avec le premier et avec 15 fait un carré, il reste à faire que le second et le troisième plus 15, que le troisième et le quatrième plus 15, enfin, que le second et le quatrième avec l'addition du même nombre 15, fassent un carré, on en déduit une triple égalité dont on a rapidement la solution, puisque par la construction dont l'artifice est pris du problème de Diophante, on trouve dans chaque membre des égalités des nombres carrés, il faut donc recourir à ce que nous avons dit à la vingt-quatrième question du sixième livre.*

XXXI. Un nombre étant donné, trouver trois carrés tels, que la somme de deux quelconques, moins le nombre donné, soit un carré.

Solution. Nombre donné, 13; soit 25 un des carrés $25 - 13 = 12$, il faut trouver deux carrés tels, que chacun augmenté de 12 soit un carré, et que leur somme moins 13 soit aussi un carré. Or, $12 = 3 \cdot 4$, on prendra pour carrés $\left(2N - \frac{3}{2N}\right)^2$ et $\left(\frac{3}{2}N - \frac{2}{N}\right)^2$ leur somme moins 13 vaut, $\frac{25}{4N^2} + \frac{25}{4}N^2 - 25$ qui, égalé à $\frac{25}{4N^2}$, donne $N = 2$.

OBS. DE FERMAT. *Nous pouvons nous servir dans cette question de l'artifice dont nous avons usé dans la question précédente, où nous avons trouvé quatre nombres tels, que la somme de deux quelconques augmentée d'un nombre donné fasse un carré. Ici la somme de deux des quatre nombres diminué du nombre donné devra faire un carré; nous devrons poser le premier nombre égal à* N + *le nombre donné, le second, un des carrés trouvés par le présent problème de Diophante, plus deux fois le côté du carré multiplié par* N *; le reste est évident.*

XXXII. Trouver trois carrés tels, que la somme de leurs carrés soit un carré.

Solution. Les carrés seront N^2 α^2, β^2, il faudra que $N^4 + \alpha^4 + \beta^4$ soit carré, je l'égale à $(N^2 - x)^2$, par conséquent $2N^2 x = x^2 - \alpha^4 - \beta^4$; d'où $N^2 = \frac{x^2 - \alpha^4 - \beta^4}{2x}$. Pour satisfaire à cette égalité, je fais $x = N'^2 + 4$, $\alpha^2 = 4$, $\beta^2 = N'^2$ d'où $N^2 = \frac{8N'^2}{2N'^2 + 8} = \frac{4N'^2}{N'^2 + 4}$, posons $N'^2 + 4 = (N' + 1)^2$ $N' = \frac{3}{2}$ par suite $N^2 = \left(\frac{6}{5}\right)^2$, $\alpha^2 = 4$, $\beta^2 = \frac{9}{4}$.

OBS. DE FERMAT. *Pourquoi ne cherche-t-il pas deux quatrièmes puissances dont la somme soit un carré. Assurément cette question est impossible, comme notre méthode de démonstration peut l'établir sans aucun doute.*

XXXIII. Une personne achète deux tonneaux de vin; la mesure de vin du premier coûte 8 drachmes, la mesure du second coûte 5 drachmes; pour les deux tonneaux elle paie un nombre de drachmes qui est un carré, lequel augmenté de 60, fait en somme le carré du nombre de mesures qu'elle a achetées.

Solution. Soit x^2 le prix du vin ou le nombre de drachmes ; N le nombre de mesures achetées, $x^2+60=N^2$, d'où $x^2=N^2-60$; mais x^2 étant le prix du vin, il peut se diviser en deux nombres, dont l'un est le prix des mesures qui coûtent 5 drachmes, l'autre le prix des mesures qui coûtent 8 drachmes. Le cinquième du premier prix et le huitième du second fera le nombre total des mesures, savoir N. Il est donc clair que le $\frac{1}{5}$ du prix total x^2 est $>$ N et le $\frac{1}{8}$ est $<$ N, donc $N^2-60>5N$, $N^2-60<8N$, ou $N^2-5N>60$ et $N^2-8N<60$, d'où l'on voit aisément que N est compris entre 11 et 12. Mais N^2-60 est un carré. Je l'égale à $(N-\alpha)^2$, d'où $N=\frac{\alpha^2+60}{2\alpha}$, mais N étant compris entre 11 et 12, $\alpha^2+60>22\alpha<24\alpha$ qui prouve que α est compris entre 19 et 21, par suite je puis poser $\alpha=20$ d'où $N=11+\frac{1}{2}$; le prix x^2 sera $72\frac{1}{4}$, il reste à diviser $72+\frac{1}{4}$ en deux parties telles que le $\frac{1}{5}$ de la première plus le $\frac{1}{8}$ de la seconde fasse $N=11+\frac{1}{2}$. Le $\frac{1}{5}$ de la première partie étant y, $11+\frac{1}{2}-y$ sera le $\frac{1}{8}$ de la seconde, $5y+8\left(11+\frac{1}{2}-y\right)$, vaut donc $72\frac{1}{4}$, d'où $y=\frac{79}{12}$. Ce sera le nombre de mesures du prix de cinq drachmes, $\frac{59}{12}$ sera le nombre de mesures du prix de huit drachmes.

LIVRE VI.

I. Trouver un triangle rectangle tel, que si de l'hypothénuse on soustrait l'un ou l'autre côté de l'angle droit, le reste soit un cube.

Solution. Considérons la formule $(x^2-y^2)^2+(2xy)^2 \ldots$ $\ldots=(x^2+y^2)^2$. Si de l'hypothénuse x^2+y^2, on ôte le côté x^2-y^2, il reste $2y^2$ qui doit être un cube; on satisfait à cette condition en posant $y=2$, mais $x^2+y^2-2xy=(x-2)^2$ doit aussi être un cube; $x=10$ remplit cette condition, par suite le triangle rectangle a pour côtés 96, 40, 104.

II. Trouver un triangle rectangle tel, que l'hypothénuse, augmentée d'un côté quelconque de l'angle droit, fasse en somme un cube.

Solution. Considérons la formule du triangle rectangle de la question précédente, et on verra que $2x^2$ devra être un cube, ce qui a lieu si $x=2$, de plus $(y+2)^2$ devra aussi être un cube, mais le côté x^2-y^2 étant positif, il faudra que $y<2$; posons $y+2=\frac{27}{8}$ d'où $y=\frac{11}{8}$, toutes les conditions seront remplies. Les côtés du triangle vaudront par suite : $\frac{135}{64}$, $\frac{352}{64}$, $\frac{377}{64}$.

III. Trouver un triangle rectangle tel, que si on ajoute un nombre donné au nombre qui représente son aire, la somme fasse un carré.

Faisons un triangle rectangle dont les côtés soient $\frac{N^4-1}{N}$, $2N$, son aire sera N^4-1, le nombre donné étant représenté par a, on aura $N^4-1+a=y^2$. Mais si nous pouvons satisfaire à $N^4-1+a(N+1)^2=y^2$, le problème sera résolu, puisqu'on aura trouvé un triangle dont l'aire $\frac{N^4-1}{(N+1)^2}$ augmentée de a sera un carré $\frac{y^2}{(N+1)^2}$ les côtés de ce nouveau triangle vaudront ceux du premier divisés par $N+1$.

Bachet fait remarquer que Viete croyait que la question proposée n'était soluble que dans le cas où le nombre donné était la somme de deux carrés : pour $a=5$, par exemple, la question est aisée.

OBS. DE FERMAT. *L'erreur de Viete provient, sans aucun doute, de ceci : cet homme illustre a supposé que la différence des deux quatrièmes puissances,* N^4-1, *était égale à l'aire, qui, augmentée du quintuple d'un carré, doit faire en somme un carré. Si 5, nombre donné, est divisé en deux carrés, on pourra trouver le quintuple d'un carré, duquel, une unité étant retranchée, il reste un carré.*

Supposons donc le côté du carré à quintupler égal à $(N+1)$, *ou un autre nombre quelconque* $+1$, *le quintuple du carré sera* $5N^2+10N+5$ *qui, augmenté de l'aire* N^4-1, *deviendra* $N^4+5N^2+10N+4$; *cette somme doit être égalée à un carré, ce qui n'est pas difficile, puisque le nombre d'unités par l'hypothèse admise est un carré. Viete n'a pas vu que la question pouvait être résolue, si au lieu de* N^4-1, *il avait pris pour aire* $1-N^4$, *car cela conduira à cette question : faire que le nombre donné 5, 6 ou un autre quelconque multiplié par un carré, et l'unité étant ajoutée au produit, la somme soit un carré ; ce qui est généralement très-aisé, l'unité étant un carré.*

Nous avons résolu cette question et deux questions analogues, par une méthode particulière, au moyen de laquelle, en même temps que nous cherchons un triangle dont l'aire ajoutée avec 5, par exemple, fasse un carré, nous trouvons un triangle exprimé en nombres aussi petits que possible, savoir : $\frac{9}{3}$, $\frac{40}{3}$, $\frac{41}{3}$ *dont l'aire 20, ajoutée avec 5, donne en somme le carré 25 ; mais ce n'est pas ici le lieu de rien ajouter de plus sur la raison et l'usage de notre méthode, l'exiguité de la marge n'y suffisant certainement pas, car nous avons plusieurs choses qui devraient être rapportées ici.*

IV. Trouver un triangle rectangle dont l'aire, diminuée d'un nombre donné, fasse un carré.

Solution. Nombre donné 6, aire cherchée A, on devra avoir $A - 6 = \alpha^2$ ou $6(A - \alpha^2) = 36$. Diophante, pour résoudre la question, cherche d'abord un triangle dont l'aire A' diminuée d'un carré, soit le $\frac{1}{6}$ d'un carré quelconque; il satisfait ainsi à une équation de la forme $6(A' - z^2) = u^2$; pour cet effet, il pose dans la formule du triangle rectangle $x = N$, $y = \frac{1}{N}$, et il forme un triangle dont l'aire est $N^2 - \frac{1}{N^2} = A'$ il prend ensuite $z = \left(N - \frac{3}{N}\right)^2$; l'équation précédente devient $36 - \frac{60}{N^2} = u^2$ ou $36 N^2 - 60 = N^2 . u^2$ faisant $N^2 u^2 = (6N - 2)^2$ l'avant-dernière égalité donne $N = \frac{8}{3}$; de plus, z et u sont déterminés. Or, on peut mettre l'égalité $6(A' - z^2) = u^2$ sous la forme $6\left(\frac{A'6^2}{u^2} - \frac{z^2 6^2}{u^2}\right) = 6^2$; pour que cette relation soit identique à celle que donne l'énoncé de la question, on posera $A = \frac{A'6^2}{u^2}$, $\alpha = \frac{6z}{u}$, et le nouveau triangle rectangle sera déterminé en posant dans la formule générale $x^2 = N^2 \frac{6}{u}$, $y^2 = \frac{6}{N^2 u}$, les côtés du triangle seront donc : $\frac{4177}{504}$, $\frac{4025}{504}$, $\frac{16}{7}$ et son aire $\frac{4015}{441}$.

V. Trouver un triangle rectangle tel, qu'en retranchant son aire d'un nombre donné, on trouve pour reste un carré.

Solution. Nombre donné 10, A l'aire; on doit avoir $10 - A = \alpha^2$, ou $\alpha^2 + A = 10$, ou $10(\alpha^2 + A) = 100$. On résout d'abord $10(A' + z^2) = u^2$; pour cet effet, on forme un triangle en posant dans la formule générale $x = N$, $y = \frac{1}{N}$, l'aire $A' = N^2 - \frac{1}{N^2}$, on pose $z = \frac{1}{N} + 5N$ et on trouve : $260N^2 + 100 = u^2 = (10 + 16N)^2$ d'où $N = 80$, etc., comme à la proposition précédente.

VI. Trouver un triangle tel, que le nombre qui exprime son aire, augmenté d'un côté de l'angle droit, fasse un nombre donné.

OBS. DE FERMAT. *Cette proposition et les suivantes peuvent être traitées autrement. Supposons pour cette question un triangle formé d'un nombre quelconque et de l'unité, et divisons chaque côté par le nombre augmenté de l'unité; il en résultera le triangle cherché.* (*Côtés du triangle* $\frac{N^2 - 1}{(N+1)}$, $\frac{2N}{(N+1)}$, *aire* $\frac{N(N^2-1)}{(N+1)^2}$, *cette aire ajoutée à* $\frac{2N}{(N+1)}$ *donne* N.).

VII. Trouver un triangle rectangle tel, que le nombre qui représente son aire, diminué d'un côté de l'angle droit, fasse un nombre donné.

OBS. DE FERMAT. *Imaginons un triangle formé du nombre donné et de l'unité, et divisons chacun de ses côtés par la différence du nombre donné et de l'unité; cette question reçoit un nombre illimité de solutions par le procédé au moyen duquel nous avons résolu les doubles égalités d'une infinité de manières ; mais nous avons touché et expliqué la méthode dont nous nous sommes servis plus loin à la 24e question, de plus, ces solutions en nombre infini s'appliquent aux quatre questions qui suivent (dans le texte de Diophante) ce que ni Diophante ni Bachet n'ont pas aperçu. Pourquoi Diophante ou Bachet n'ont-ils pas ajouté cette autre question : trouver un triangle rectangle tel, qu'un de ses côtés, diminué de l'aire, fasse un nombre donné; ils paraissent certainement l'avoir ignorée, parce qu'elle ne se présente pas de suite dans la résolution de la double égalité; mais elle peut être aisément trouvée par notre méthode, et pareillement dans les questions suivantes ce troisième cas peut être traité. (Les deux questions 6 et 7 forment les deux premiers cas.)*

VIII. Trouver un triangle rectangle dont l'aire ajoutée à la somme des côtés fasse un nombre donné.

Solution. 6 nombre donné, N, α N, côtés du triangle cherché. D'après l'énoncé $\frac{\alpha}{2}N^2+(\alpha+1)N=6$, d'où $N=-\left(\frac{\alpha+1}{\alpha}\right)\mp\frac{1}{\alpha}\sqrt{(\alpha+1)^2+12\alpha}$, pour que N soit rationnel, il faut que $12\alpha+(\alpha+1)^2=\alpha^2+14\alpha+1$ soit un carré, ou que $\alpha^2+14\alpha+1=u^2$, mais N et α N étant les côtés d'un triangle rectangle α^2+1 est aussi un carré y^2, on a donc une double égalité dont les premiers membres diffèrent de 7.2α, par suite $y=\frac{7}{2}+\alpha$ et $\alpha=\frac{45}{8}$, $N=\frac{1}{8}$. Les côtés du triangle seront $\frac{14}{9}$, $\frac{15}{6}$.

IX. Trouver un triangle tel, que l'aire diminuée de la somme des côtés de l'angle droit fasse un nombre donné. (Même solution.)

OBS. DE FERMAT. *En faisant usage de notre méthode, on peut ajouter la question suivante : Trouver un triangle rectangle tel, que la somme des côtés de l'angle droit, diminuée de l'aire, fasse un nombre donné.*

X. Trouver un triangle rectangle tel, que son aire augmentée de l'hypothénuse et d'un côté de l'angle droit, fasse un nombre donné.

Solution. 4 nombre donné; les trois côtés du triangle seront α N, β N, γ N; on devra avoir : $\frac{\alpha\beta}{2}N^2+(\gamma+\beta)N=4$, d'où $N = \frac{-(\gamma+\beta)}{\alpha\beta} \mp \sqrt{\frac{(\gamma+\beta)^2+8\alpha\beta}{\alpha^2\beta^2}}$, pour que N soit rationnel, il faut que $\frac{(\gamma+\beta)^2}{2}+\alpha\beta$ soit un carré. Posons dans la formule générale du triangle rectangle, $x = N'+1$, $y = N'$, nous prendrons $\alpha = x^2-y^2 = 2N'+1$, $\beta = 2xy$... ... $= 2N'^2+2N'$, $\gamma = x^2+y^2 = 2N'^2+2N'+1$, avec ces hypothèses, la condition pour que N soit rationnelle, exige que $N'^4+12N'^3+18N'^2+8N'+1$ soit un carré, on l'égalera à $(N'^2+6N'-1)^2$, d'où $N' = \frac{5}{4}$ et par suite $N = \frac{4}{165}$, tout sera connu.

XI. Trouver un triangle rectangle tel, que le nombre qui exprime son aire, diminué de la somme de l'hypothénuse et d'un côté de l'angle droit, fasse un nombre donné.

OBS. DE FERMAT. *On peut résoudre d'après notre méthode la question suivante : Trouver un triangle rectangle tel, que la somme de l'hypothénuse et d'un côté de l'angle droit diminuée de l'aire, fasse un nombre donné : de plus, le problème suivant peut être ajouté aux commentaires de Bachet : trouver un triangle tel, que l'hypothénuse diminuée de l'aire, fasse un nombre donné.*

XII. Trouver un triangle rectangle tel, que la différence des côtés de l'angle droit soit un carré, ainsi que le plus grand des deux côtés, et que l'aire ajoutée avec le plus petit côté, fasse un carré.

Solution. Dans la formule $(x^2-y^2)^2+(2xy)^2 = (x^2+y^2)^2$, si on pose $x = 2y$, le grand côté sera $4y^2$, la différence des côtés y^2 et deux conditions seront remplies; il faudra de plus que l'aire $6y^4$, plus le petit côté $3y^2$, ou que $6y^4+3y^2$ soit un carré, et que par suite $6y^2+3$ soit un carré. On aura une première solution en posant $y = 1$; on sera ensuite $y = 1 + z$, et on trouvera $9 + 12 . z + 6 z^2$ qui pourra être égalé d'une infinité de manières à $(3 + \alpha z)^2$.

XIII. Trouver un triangle rectangle tel, que le nombre qui représente l'aire, augmenté de l'un ou l'autre côté de l'angle droit, fasse un carré.

OBS. DE FERMAT. *Diophante donne des triangles d'une seule espèce (semblables entre eux) remplissant le but proposé; mais de notre méthode on déduit une infinité de triangles de diverses espèces, qui dérivent successivement de ceux de Diophante.*

Soit, en effet, le triangle trouvé, 3, 4, 5 dont la propriété est que le produit des côtés de l'angle droit, augmenté du produit du plus grand côté de l'angle droit, par la différence des deux côtés de cet angle et par l'aire, fasse un carré $(3 . 4 + 4 . 1 . 6 = 36.)$ *De celui-ci, il faut en déduire un autre de même propriété, soit* 4 *le plus grand côté de l'angle droit du triangle cherché,* $3 + N$ *le plus petit côté. Le produit des deux côtés de l'angle droit augmenté du produit du plus grand côté, de la différence des deux côtés et de l'aire, donne :* $36 - 12 N - 8 N^2$, *qui doit égalé à un carré. Comme les côtés* 4 *et* $3 + N$ *sont les côtés de l'angle droit d'un triangle rectangle, leurs carrés ajoutés doivent faire en somme un carré. Ces carrés ajoutés, donnent :* $25 + 6 N + N^2$, *qu'on doit égaler à un carré; il en résulte une double égalité, car* $36 - 12 N - 8 N^2$ *et aussi* $25 + 6 N + N^2$ *doivent être égaux à des carrés. La double solution de cette double égalité peut être trouvée très-brièvement.*

L'observation de Fermat renferme l'énoncé d'un problème auquel conduit la question de Diophante dont nous allons indiquer la solution. a et b sont les côtés de l'angle droit d'un triangle rectangle, un triangle semblable aura pour côtés $a N$, $b N$; d'après l'énoncé de la question XIII, on devra avoir $\frac{ab}{2} N^2 + a N = y^2$, $\frac{ab}{2} N^2 + b N = z^2$; divisant ces égalités par N^2 désignant les seconds membres par y'^2, z'^2, on trouvera aisément $\frac{ab}{2}(a-b)=az'^2-by'^2$, ou en multipliant par a, $\frac{ab}{2}a.(a-b)=a^2z'^2-aby'^2$ si nous faisons $y'=1$; on voit d'après cette dernière que $ab+\frac{ab}{2}a(a-b)$ devra être un carré; les côtés de l'angle droit du triangle qui satisfait à la question de Diophante, sont assujettis à cette condition, que leur produit, plus l'aire du triangle multiplié par le plus grand côté, et par leurs différences, doit faire en somme un carré.

XIV. Trouver un triangle rectangle tel, que le nombre qui représente l'aire diminué de l'un ou l'autre côté de l'angle droit, fasse un carré.

OBS. DE FERMAT. *Par notre méthode, on résoudra la question suivante autrement difficile : trouver un triangle rectangle tel, que un quelconque des côtés de l'angle droit diminué de l'aire, donne pour reste un carré.*

XV. Trouver un triangle rectangle tel, que l'aire étant diminuée d'un côté de l'angle droit ou de l'hypothénuse, le reste soit un carré.

Solution. Les côtés du triangle sont, par exemple : α N, β N, γ N; α, β, γ étant des grandeurs qui conviennent aussi aux côtés d'un triangle rectangle. Les deux conditions du problème peuvent s'écrire ainsi : $\frac{\alpha\beta}{2}\text{N}^2-\alpha\text{N}=x^2$, $\frac{\alpha\beta}{2}\text{N}^2-\gamma\text{N}=y^2$ divisant les deux membres par N^2 et représentant les seconds membres par $x'^2y'^2$, nous aurons, en éliminant N^2, et en désignant $\frac{\alpha\beta}{2}$ par A : $\alpha^2y'^2=\alpha\gamma x'^2\ldots$ $\ldots-\alpha\text{A}(\gamma-\alpha)$. Il faut donc trouver des côtés α, β; γ d'un triangle rectangle tels, que $\alpha\beta x'^2-\alpha\text{A}(\gamma-\alpha)$ soit un carré; Diophante donne sans démonstration pour le triangle qui satisfait $\alpha=8$, $\beta=15$, $\gamma=17$, et en effet, $8.17.36^2-8.60.9=24^2$. Ici on suppose $x'^2=36^2$; par suite $N = \frac{1}{3}$ et le triangle cherché est formé des côtés $\frac{8}{3}, \frac{15}{3}, \frac{17}{3}$.

XVI. On donne deux nombres, si on trouve un carré tel, que son produit par le premier nombre, diminué du second, soit un carré; on pourra trouver un second carré plus grand que le premier, qui, multiplié par le premier nombre et diminué du second, donne encore pour reste un carré.

Solution. Nombres donnés 3, 11, on a $3.5^2 - 11 = 8^2$. Si on remplace le côté du carré 5 par $5 + N$, nous pourrons poser $3.(5+N)^2 - 11 = (8 + \alpha N)^2$, faisant $\alpha = -2$, N vaudra 62; tout sera connu.

XVII. Trouver un triangle rectangle tel, que si on augmente son aire, soit de l'hypothénuse, soit d'un côté de l'angle droit, la somme soit un carré. Le triangle a la forme $8N$, $15N$, $17N$, $N = \frac{1}{77}$.

OBS. DE FERMAT. *On peut essayer par le secours de notre méthode la question suivante, autrement difficile : trouver un triangle rectangle tel, que l'hypothénuse ou un des côtés de l'angle droit étant diminués de l'aire, le reste soit un carré.*

XVIII. Trouver un triangle rectangle tel, que la bissectrice d'un des angles aigus soit rationnelle.

Solution. Appellons cette bissectrice $5N$, les segments de la base correspondants à l'hypothénuse ou à la hauteur seront désignés par $3 - 3N$ et $3N$, par suite la hauteur sera $4N$, et on calculera l'hypothénuse x, par la proportion $3N : 3 - 3N :: 4N : x$, d'où $x = 4 - 4N$. Mais puisque le triangle est rectangle $9 + 16N^2 = (4 - 4N)^2$, d'où $N = \frac{7}{32}$. Par suite tout sera connu.

XIX. Trouver un triangle rectangle tel, que son aire, ajoutée à l'hypothénuse, fasse un carré, et que son périmètre soit un cube.

Solution. N sera l'aire, les côtés de l'angle droit 2, N, l'hypothénuse $\alpha^2 - N$, le périmètre $\alpha^2 + 2$ qui devra être un cube; on satisfait en posant $\alpha = 5$, il reste la condition pour que le triangle soit rectangle, qui donne $N = \frac{621}{50}$.

OBS. DE FERMAT. *Peut-on trouver en nombres entiers un carré autre que 25, qui, augmenté de 2, fasse un cube? A la première vue cela paraît d'une recherche difficile; en fractions une infinité de nombres se déduisent de la méthode de Bachet; mais la doctrine des nombres entiers, qui est assurément très-belle et très-subtile, n'a été cultivée ni par Bachet, ni par aucun autre dont les écrits soient venus jusqu'à moi.*

XX. Trouver un triangle rectangle tel, que l'aire, ajoutée à l'hypothénuse, fasse un cube, et que le périmètre soit un carré.

Solution. N sera l'aire, l'hypothénuse sera $x^3 - N$, les côtés 2, N, le périmètre $2 + x^3$ devra être un carré. Pour trouver x, on pose $x = z - 1$. Par suite, $2 + x^3 = 1 \ldots$ $\ldots + 3z - 3z^2 + z^3$, qu'on peut égaler à $\left(\frac{3}{2}z + 1\right)^2$, d'où $z = \frac{21}{4}$; le côté du cube sera $\frac{17}{4}$.

XXI. Trouver un triangle rectangle tel, que l'aire, ajoutée à un des côtés de l'angle droit, fasse un carré, et que le périmètre soit un cube.

Solution. Formons un triangle rectangle en posant dans la formule générale du triangle rectangle $x = N + 1$, $y = N$; sa hauteur sera $2N + 1$, sa base $2N^2 + 2N$, l'hypothénuse

$2N^2+2N+1$, le périmètre $4N^2+6N+2=(4N+2)(N+1)$. Si on suppose tous les côtés du triangle divisés par $N+1$, son périmètre sera $N+1$ fois plus petit et égal à $4N+2$ qu'on devra égaler à un cube ; mais l'aire du nouveau triangle ou $\frac{(2N+1)N}{N+1}$, augmentée de $\frac{2N+1}{N+1}$ devra faire un carré ; or la somme est $2N+1$, moitié de $4N+2$, il faudra donc trouver un carré moitié d'un cube. 4, 8, satisfont à la question, si $2N+1=4$, $N=\frac{3}{2}$.

XXII. Trouver un triangle rectangle tel, que l'aire augmentée d'un des côtés de l'angle droit soit un cube, et que le périmètre soit un carré.

Solution. Si on répète les raisonnements de la question précédente, il faudra que $4N+2$ soit un carré, et $2N+1$ un cube. On devra donc trouver un carré double d'un cube; 16 et 8 satisfont, et $N=\frac{7}{2}$.

XXIII. Trouver un triangle rectangle dont le périmètre soit un carré, et l'aire, augmentée du périmètre, un cube.

Solution. Côtés du triangle $2N, N^2-1, N^2+1$, le périmètre $2N^2+2N=x^2$, l'aire, plus le périmètre, $N^3+2N^2+N=y^3$. On satisfait à la première question en prenant $N=\frac{2}{a^2-2}$, il faut trouver a, de telle sorte que la seconde condition soit remplie. Après le calcul fait, la seconde devient $\frac{a^3.2a}{(a^2-2)^3}=y^3$ pourvu que $2a$ soit un cube, on satisfera au problème, mais on doit avoir, pour que N et N^2-1 soient positifs; $a^2>2<4$, si on fait $a=\frac{27}{16}$, $2a=\frac{27}{8}$ sera un cube, et les conditions seront satisfaites. De plus $N=\frac{512}{217}$.

XXIV. Trouver un triangle rectangle dont le périmètre

soit un cube, et dont le périmètre augmenté de l'aire soit un carré.

Solution. A l'aire, P le périmètre; on devra avoir $P = x^3$, $A + P = y^2$. Prenons $\frac{1}{N}$ et $2AN$ pour les côtés de l'angle droit du triangle cherché; l'hypothénuse sera $P - \frac{1}{N} - 2AN$; mais la condition que le triangle soit rectangle donnera : $4PA.N^2 - (P^2 + 4A)N = -2P$. Et puisque N doit être rationnel $(P^2 + 4A)^2 - 32AP^2$ doit être un carré. Diophante suppose $P = 64$, et la première condition du problème est remplie. Donc la relation pour que N soit rationnelle devient : $A^2 - 6144A + 16576 = z^2$, et comme on a aussi $A + 64 = y^2$, il en résulte une double égalité facile à résoudre.

L'observation suivante de Fermat est placée au milieu d'un petit traité de Bachet sur les doubles égalités, et qui sert de commentaire à la proposition de Diophante.

OBS. DE FERMAT. *Où ne suffisent pas les doubles égalités, il faut recourir aux triples égalités, qui sont de notre invention, et qui jettent tout d'abord de la lumière sur plusieurs beaux problèmes. Qu'on égale par exemple* $N + 4$, $2N + 4$, $5N + 4$ *à des carrés, il en résultera une triple égalité dont la solution est rapidement obtenue par le moyen d'une double égalité. Si on pose, au lieu de* N, *une quantité qui avec* 4 *fasse un carré, par exemple* $N^2 + 4N$; *le premier des nombres à égaler à un carré sera* $N^2 + 4N + 4$, *par suite (en remplaçant* N *par* $N^2 + 4N$) *le second sera* $2N^2 + 8N + 4$, *et le troisième* $5N^2 + 20N + 4$. *Le premier étant par la construction un carré, il résulte qu'il suffit d'égaler* $2N^2 + 8N + 4$ *et* $5N^2 + 20N + 4$ *à des carrés. On a donc une double égalité qui certainement donne une solution; mais cette solution découverte en fournit encore une nouvelle, et de celle-ci dérive une troisième, et ainsi de suite à l'infini. On procède à ce travail de cette manière : la valeur de* N *étant trouvée, on remplacera* N *par* N *augmenté de la valeur trouvée. Par cette voie, des solutions en nombre infini suivent la première, et la dernière dérivera toujours de celle qui la précède dans l'ordre le plus rapproché. Par le bénéfice de cette invention, nous pourrons fournir des triangles de même aire en nombre infini, ce qui paraît avoir été inconnu à Diophante, ainsi que cela ressort de la* 8e *question du livre* 5e, *dans laquelle il trouve trois triangles seulement de même aire, pour construire avec trois nombres la question suivante qui, au moyen de ceux que nous avons découverts le premier, reçoit une extension infinie. (Voyez les notes ci-dessus, livre* 5, *question* 8 *et* 9.)

Observations de Fermat sur le traité des doubles égalités de Bachet.

OBS. DE FERMAT. *A ce traité des doubles égalités nous pourrions ajouter plusieurs choses que ni les anciens, ni les modernes, n'ont découvertes. Il nous suffit maintenant, pour prouver la dignité et l'usage de notre méthode, de résoudre la question suivante, qui est certainement très-difficile. Trouver en nombres un triangle rectangle dont l'hypothénuse soit un carré, ainsi que la somme des côtés de l'angle droit. Les trois nombres suivants représentent le triangle cherché :* 4687298610289, 4565486027761, 1061652293520. *Il est formé des deux nombres suivants :* 2150905, 246792. *Mais, par une autre méthode, nous avons découvert la solution de la question suivante : Trouver en nombres un triangle rectangle avec cette condition que le carré de la différence des côtés de l'angle droit, moins le double carré du plus petit côté fasse un carré ; un des triangles qui satisfait à cette question est le suivant :* 1525, 1517, 156 ; *il est formé des nombres* 39 *et* 2.

Nous ajoutons de plus, avec confiance, que les deux triangles que nous avons rapportés, pour la solution des deux questions proposées, sont les plus petits en nombres entiers de ceux qui remplissent les conditions demandées.

Voici notre méthode. Qu'on résolve la question proposée suivant la méthode vulgaire ; si la solution, après l'opération terminée, n'a pas de succès, parce que la valeur est affectée du signe moins, et par suite est censée moindre que zéro, nous prononçons cependant avec confiance qu'il ne faut pas se décourager (par une paresse ou négligence, qui, comme dit Viete, lui est commune avec les anciens analystes.) Mais tentons de nouveau l'opération, et pour la valeur de la racine, posons N *moins le nombre qui affecté du signe du défaut a été trouvé comme racine de la première opération. Il en résultera, sans aucun doute, une équation qui représentera en véritables nombres la solution de la question, et par cette voie nous avons résolu les deux questions précédentes qui auraient été très-difficiles. Nous avons démontré et justifié par le calcul, qu'un nombre, composé de deux cubes, pourrait être divisé en deux autres, mais cela en recommençant trois fois l'opération. Très-souvent il arrive que la vérité cherchée contraint l'analyste industrieux et habile à répéter successivement ses opérations comme on le comprendra en l'expérimentant.*

XXV. Trouver un triangle rectangle tel, que le carré de l'hypothénuse soit la somme d'un carré et de sa racine, et que ce même carré, divisé par un côté de l'angle droit, donne pour quotient un cube plus sa racine.

Solution. Côtés du triangle N et N^2, carré de l'hypothénuse N^4+N^2 qui remplit la première condition, mais ce carré, divisé par N, donne N^3+N qui satisfait à la seconde condition. Il ne reste plus qu'à déterminer N, de telle sorte que N^4+N^2 soit un carré, ou que N^2+1 soit un carré, on l'égale à $(N-2)^2$, d'où $N=\frac{3}{4}$.

XXVI. Trouver un triangle rectangle tel, qu'un côté de l'angle droit soit un cube, que l'autre côté soit un cube diminué de sa racine, et que l'hypothénuse soit un cube augmenté de sa racine.

Solution. Hypothénuse N^3+N, un côté N^3-N, l'autre côté sera $2N^2$; il faut donc que $2N^2$ soit un cube, ce qui a lieu si $N=2$; le triangle sera formé des côtés 10, 8, 6.

Bachet a placé une série de problèmes à la suite de la XXVIe question qui termine le VIe livre de Diophante. Fermat ajoute une observation très-importante au 20e problème.

OBS. DE FERMAT. *L'aire d'un triangle rectangle exprimée en nombres entiers ne peut être égale à un carré. Nous placerons ici la démonstration de ce théorème, de notre invention, que nous avons découverte après une laborieuse et pénible méditation. Ce genre de démonstration produira de merveilleux progrès dans les questions arithmétiques. Si l'aire d'un triangle était un carré, on donnerait deux quatrièmes puissances dont la différence serait un carré. D'où il suit qu'il serait donné deux carrés dont la somme et la différence seraient des carrés. Ainsi est donné un nombre formé d'un carré et du double d'un carré qui est égal à un carré, avec cette condition que les carrés qui le composent fassent aussi en somme un carré. Mais si un nombre carré est la somme d'un carré et du double d'un autre carré, son côté est pareillement la somme d'un carré et du double d'un carré, comme nous pouvons facilement le démontrer.*

D'où il serait conclu que ce côté est la somme des côtés de l'angle droit d'un triangle, et qu'un des carrés qui le composent est la base, et que le double carré est égal à la hauteur.

Ainsi ce triangle rectangle sera formé de deux carrés dont la somme et la différence seront des carrés. Mais on prouvera que ces deux carrés sont plus petits que les deux premiers carrés supposés, dont la somme aussi bien que la différence font un carré. Donc, si on donne deux carrés, dont la somme et la différence font un carré, on pourra donner en nombres entiers la somme de deux carrés de même nature qui sera moindre que la première. Par le même raisonnement on en trouvera une moindre que celle qui a été trouvée par le procédé qui a fait trouver la première, et toujours, jusqu'à l'infini, on trouvera des nombres entiers moindres ayant la même propriété, ce qui est impossible, parce qu'on ne peut pas donner un nombre infini de nombres entiers moindres qu'un nombre entier quelconque. L'exiguité de la marge nous empêche d'insérer la démonstration complète, et plus amplement expliquée.

Par ce procédé nous avons conçu et confirmé par démonstration qu'aucun nombre triangulaire, à l'exception de l'unité, ne pouvait être égalé à une quatrième puissance.

DIOPHANTE. — DES NOMBRES POLYGONAUX.

La formule des nombres polygonaux est $x+\frac{x(x-1)}{2}(p-2)$ p désignant le nombre des angles du polygone. Le livre de Diophante, dont il ne reste que quelques fragments, contient quelques propositions sur les progressions arithmétiques et les nombres polygonaux.

I. Si trois nombres a, $a+k$, $a+2k$ sont en progression arithmétique, 8 fois le produit du plus grand par le moyen plus le carré du plus petit est un carré dont le côté est la somme du plus grand et du double du moyen. Algébriquement $8(a+2k)(a+k)+a^2=(3a+4k)^2$.

II. Si cinq nombres a, $a+k$... $a+4k$, sont en progression arithmétique, l'excès du plus grand sur le plus petit, ou $4k$, est un multiple de k exprimé par le nombre de termes moins 1.

III. Dans une progression arithmétique commençant par 1 et d'un nombre de termes quelconques, la somme de tous les termes par 8 fois la raison, plus le carré de la raison diminuée de 2 est un carré.

Soit $1, k \ldots 1+(n-1)k$, la somme sera $\frac{(2+(n-1)k)n}{2}$ et $\frac{(2+n-1)k)n}{2} \times 8k+(k-2)^2=(k(2n-1)+2)^2$.

IV. Considérons la somme $\frac{(2+(n-1)k)n}{2}$ des termes de la progression arithmétique précédente commençant par 1, on peut mettre cette somme sous cette forme $n+\frac{n(n-1)}{2}k$. Si on fait $k=\text{P}-2$, on voit que cette somme sera un nombre polygonal, et que le nombre d'angles sera la raison de la progression plus 2.

V. On donne le côté du nombre polygonal. Trouver ce nombre. On donne x et P. Traduire la formule $x+\frac{x(x-1)}{2}(\text{P}-2)$. On donne P et la valeur du polygonal. Trouver x. Les règles de Diophante reviennent à la résolution de l'équation du second degré.

VI. Etant donné un nombre N, trouver de combien de manières il peut être polygonal. En appellant $\text{P}-2=\text{A}$ $x=\frac{\text{A}-2\pm\sqrt{(\text{A}-2)^2+8\text{NA}}}{2\text{A}}$. Si on donnait N, il faudrait trouver le nombre entier A qui rendrait x entier positif. Le texte de Diophante parait altéré. Bachet fait remarquer tout ce qu'il laisse à désirer.

Problème de Diophante. — Etant donné un nombre polygonal, trouver le côté.

OBS. DE FERMAT. *Nous avons trouvé une belle et admirable proposition que nous placerons ici sans démonstration.*

Dans la progression des nombres naturels commençant par l'unité, un nombre quelconque, multiplié par celui qui le suit et qui est plus grand, fait le double du triangulaire de ce nombre; la multiplication du triangulaire, par le nombre qui suit et qui est plus grand dans la progression, donne le triple du pyramidal; le produit du pyramidal, par le nombre suivant de la progression, donne le quadruple du triangulo-triangulaire, et ainsi à l'infini par une méthode générale et uniforme; et je ne pense pas qu'on puisse donner sur les nombres un théorème plus beau et plus général. Je n'ai ni le loisir ni la convenance d'insérer la démonstration à la marge.

APPENDICE DE BACHET AUX NOMBRES POLYGONAUX.

Bachet, proposition 27, livre second.

Dans la progression arithmétique des nombres impairs, 1, 3, 5, 7, l'unité est le premier cube; la somme des deux nombres impairs suivants le second cube; la somme des trois impairs suivants le troisième cube; la somme des quatre impairs suivants, le quatrième cube, etc., à l'infini.

OBS. DE FERMAT. *Je rends cette proposition plus universelle. L'unité est le premier terme dans une progression quelconque de nombres polygonaux. Deux nombres consécutifs, augmentés du premier triangulaire, pris autant de fois qu'il y a d'angles dans le polygone moins quatre, font la seconde colonne; trois nombres consécutifs, augmentés du second triangulaire, pris autant de fois qu'il y a d'angles dans le polygone moins quatre, feront la troisième colonne; et ainsi de suite à l'infini.*

La formule générale des nombres polygonaux est $n + \frac{n(n-1)}{2}(P-2)$, P désignant le nombre des angles du polygone : cette expression se met sous la forme $n^2 + \frac{n(n-1)}{2}(P-4)$; or si on a la suite 1, 3, 5, 7....; n^2

vaut la somme de deux, trois, quatre termes. L'observation de Fermat paraît être obscure dans sa rédaction ; il est évident qu'avec une des deux formules précédentes, on a les nombres polygonaux d'un rang quelconque en donnant à n et à P les valeurs convenables ; voici le texte original :

Hanc propositionem, ita constituo, magis universalem. Unitas primam columnam, in quâcumque polygonorum progressione constituit ; duo sequentes numeri, multati primo triangulo toties sumpto, quot sunt anguli polygoni quaternario multati, secundam columnam : tres sequentes, multati secundo triangulo toties sumpto quot sunt anguli polygoni quaternario multati, tertiam columnam, et sic eodem in infinitum progressu.

Pour faire coïncider la note avec la formule $n^2 + \frac{n(n-1)}{2}(P-4)$, il faudrait traduire, *duo sequentes*, *tres sequentes*,..... deux, trois nombres impairs consécutifs. Le mot *multati*, serait encore une erreur de signe pour le triangulaire.

Proposition 31e.

Dans une progression arithmétique, dans laquelle le plus petit terme est égal à la raison, le produit du cube du plus petit terme, par le carré du triangulaire formé avec le nombre des termes, est égal à la somme des cubes des termes.

OBS. DE FERMAT. *Il suit de là que le cube du plus grand nombre, multiplié par le nombre des termes, est moindre que quatre fois la somme des cubes de tous les termes.*

Le premier terme étant r et la raison r, le n^{me} terme de la progression sera nr et la somme des cubes sera $r^3\left(\frac{n(n+1)}{2}\right)^2$. Le cube du dernier terme n^3r^3 multiplié par n ou n^4r^3 sera à la somme des cubes dans le rapport de $4n^4$ à $(n)^2(n+1)^2$, rapport moindre que 4.

EXTRAITS

DES LETTRES DE P. DE FERMAT.

3 Juin 1636. — *De Fermat au Père Mersenne.*

(*Fig.* 32.) Fermat annonce au Père Mersenne qu'il prépare un traité sur les hélices ; il donne l'énoncé suivant :

Un cercle a pour rayon A B, et pour centre A ; une droite partant du rayon A B se meut autour du point A ; de telle sorte que, lorsque cette droite a parcouru l'arc B C N, on prend sur sa longueur, à partir de A, un point M, tel qu'on ait : $AM^2 : AB^2 ::$ arc B C N : $2\pi . AB$. Le lieu du point M sera une hélice qui a les propriétés suivantes : Après une révolution complète du rayon vecteur, l'aire A O M S A de l'hélice est la moitié du cercle de rayon A B. L'aire décrite par le rayon vecteur dans la seconde révolution est double ; les aires des 3me, 4me... révolutions, s'accroissent et diffèrent entre elles de $\pi . AB^2$.

2 Septembre 1636. — *Au Père Mersenne.*

..... Quand nous parlons d'un nombre composé de trois carrés seulement, nous entendons un nombre qui n'est ni carré, ni composé de deux carrés ; et c'est ainsi que Diophante et tous ses interprètes l'entendent, lorsqu'ils disent qu'un nombre composé de trois carrés seulement, en nombres entiers, ne peut jamais être divisé en deux carrés, pas même en fractions ; autrement, et au sens que vous semblez donner à votre proposition, il n'y aurait que le seul nombre *trois* qui fût composé de trois carrés seulement en nombres entiers : car, premièrement, tout nombre est composé d'autant de carrés entiers qu'il a d'unités ; secondement, vos nombres de 11 et 14 se trouvent composés chacun de 5 carrés : le premier, de 4, 4, 1, 1, 1 ;

le second, de 4, 4, 4, 1, 1. Que si vous entendez que le nombre que vous demandez soit composé de trois carrés seulement, et non pas de quatre, en ce cas la question tient plus du hasard que d'une conduite assurée; et si vous m'en envoyez la construction, peut-être vous le ferais-je avouer. De sorte que j'avais satisfait à votre question au sens de Diophante, qui semble être le seul admissible en cette sorte de question. *Or, qu'un nombre, composé de trois carrés seulement, en nombres entiers, ne puisse jamais être divisé en 2 carrés, non pas même en fractions, personne ne l'a jamais encore démontré, et c'est à quoi je travaille, et crois que j'en viendrai à bout; cette connaissance est de grandissime usage; et il semble que nous n'avons pas assez de principes pour en venir à bout; M. de Beaugrand est en cela de mon avis. Si je puis étendre en ce point les bornes de l'arithmétique, vous ne sauriez croire les propositions merveilleuses que nous en tirerons.*

23 Août 1636. — *De Fermat à Pascal et à Roberval.*

(*Fig.* 33.) Soit A le sommet d'un segment parabolique CAB et AD son axe, le volume du conoïde parabolique engendré par la révolution de la parabole, sera au cône droit, dont CB serait le diamètre de la base et A le sommet, dans le rapport de 3 à 2. Si le segment parabolique tourne autour de CD, le volume engendré par le segment CDA, sera au cône, dont le sommet est C et le rayon de la base AD, dans le rapport de 8 à 5.

J'ai trouvé beaucoup d'autres propositions géométriques, comme la restitution de toutes les propositions des lieux plans et autres; mais ce que j'estime plus que tout le reste, est une méthode pour déterminer toutes sortes de problèmes plans et solides, par le moyen de laquelle je trouve l'invention, *maximæ et minimæ, in omnibus omninò problematibus*, et ce, par une équation aussi simple et aussi aisée que celles de l'analyse ordinaire. Il y a infinies questions que je n'aurais jamais pu résoudre sans cela, comme les deux suivantes :

« Dans une sphère donnée inscrire le cône de la plus grande surface, y compris la base.

» Dans une sphère donnée inscrire le cylindre de plus grande surface, les deux bases comprises. »

Il semble que ces deux questions sont nécessaires pour une plus grande connaissance des figures isopérimètres.

Cette méthode ne sert pas seulement à ces questions, mais à beaucoup d'autres pour les nombres et pour les quantités.

16 Septembre 1636. — *De Fermat à Roberval.*

..... Permettez-moi de vous demander la démonstration de cette proposition, que j'avoue franchement que je n'ai encore su trouver, quoique je sois assuré qu'elle est vraie :

« La somme des carrés de deux droites rationnelles, commensurables en longueur, étant appliquée à la double somme des côtés de ces carrés, excédant d'une figure carrée, la largeur de l'excès sera apotome. »

(*Note.*) — Le xe livre d'Euclide donne le sens de cet énoncé. Appliquer une surface K^2 à une droite A, c'est diviser A en deux segments x et $A-x$, tels que $x(A-x)=K^2$. Mais alors la droite A étant tracée, si sur le segment $A-x$ on élève une perpendiculaire égale à x, on aura un rectangle qui ne couvrira pas toute la ligne A, mais seulement le segment $A-x$; il y aura défaut du carré x^2 pour couvrir toute la ligne A. On aurait pu aussi *appliquer* l'aire K^2 à A en faisant un rectangle $(A+y)\,y=K^2$, lequel étant tracé, aurait dépassé la ligne A, et l'excédant aurait été le carré y^2.

Cela compris, l'énoncé de Fermat est très-clair. Il applique, en excédant, la somme de deux carrés rationnels a^2+b^2 sur la ligne $2a+2b$; de telle sorte qu'on devra avoir : $(2a+2b+y).\,y=a^2+b^2$. La largeur y du carré qui fait l'excès sera apotome, c'est-à-dire, une différence incommensurable. L'équation donne $y=-(a+b)\pm\sqrt{2a^2+2b^2+2ab}$. Tout se réduit à prouver, comme le fait observer Roberval dans sa réponse à Fermat, que $2a^2 + 2b^2 + 2ab$ ne peut être un carré.

Fermat ajoute : Vous ne sauriez croire combien la science du xe livre d'Euclide est défectueuse; je veux dire que cette connaissance n'a pas encore fait de grands progrès, et qu'elle est pourtant de grandissime usage. J'y ai découvert beaucoup de nouvelles lumières, mais encore la moindre chose m'arrête, comme le théorème que je viens de vous écrire, qui semble d'abord plus aisé à démontrer qu'il ne l'est.

22 Septembre 1636. — *De Fermat à Roberval.*

Monsieur,

Je surseoirai, avec votre permission, à vous écrire sur le sujet des propositions de mécanique, jusqu'à ce que vous aurez fait la faveur de m'envoyer la démonstration des vôtres; ce que j'attends, sur la promesse que vous m'en faites. Sur le sujet de la méthode des *maximis* et *minimis*, vous savez que, puisque vous avez vu celle que Monsieur Despagnet vous a donnée; vous avez vu la mienne que je lui baillai, il y a environ sept ans, étant à Bourdeaux; et en ce temps je me souviens que Monsieur Philon, ayant reçu une de vos lettres, dans laquelle vous lui proposiez de trouver le plus grand cône de tous ceux qui auront la superficie conique égale à un cercle donné, il me l'envoya et j'en donnai la solution à M. Prades pour vous la rendre; si vous rappelez votre mémoire, vous vous en souviendrez peut-être, et que vous proposiez cette question comme très-difficile et ne l'ayant pas trouvée. Si je rencontre parmi mes papiers votre lettre, que je gardai pour lors, je vous l'envoyerai. Si Monsieur Despagnet ne vous a proposé ma Méthode que comme je la lui baillai pour lors, vous n'avez pas vu ses plus beaux usages; car je la fais servir en la diversifiant un peu : premièrement pour l'invention des propositions pareilles à celle du conoïde que je vous envoyai par ma dernière. 2° Pour l'invention des tangentes des lignes courbes, sur lequel sujet je vous propose ce problème : A un point donné de la conchoïde de Nicomède, mener une tangente. 3° Pour l'invention des centres de gravité de toutes sortes de figures, même différentes des ordinaires, comme en mon conoïde et autres infinies, de quoi je ferai voir des exemples quand vous voudrez. 4° Aux problèmes numériques, auxquels il est question de parties aliquotes, et qui sont tous très-difficiles. C'est par ce moyen que je trouvai 672, duquel les parties sont doubles aussi-bien que celles de 120 le sont de 120; c'est aussi par là que j'ai trouvé des nombres infinis qui font la même chose que 220 et 284, c'est-à-dire que les parties du premier égalent le second, et celles du second, le premier; de quoi, si vous voulez voir un exemple pour tâter la question, ces deux y satisfont, 17296 et 18416. Je m'assure que vous m'avouerez que cette question et celles de la sorte sont très-mal aisées. J'en envoyai, il y a quelque temps, la solution à M. Beaugrand; j'ai aussi trouvé des nombres en proportion donnée, ou qui surpassent d'un nombre donné leurs parties aliquotes, et plusieurs autres.

Voilà quatre sortes de propositions que ma méthode embrasse, et que peut-être vous n'avez pas sues : sur le sujet du premier, j'ai carré infinies figures comprises de lignes courbes. Comme, par exemple, si vous imaginez une figure comme la parabole, en telle sorte que les cubes des appliquées soient en proportion des lignes qui coupent le diamètre, cette figure se rapprochera de la parabole, et n'en diffère qu'en ce qu'au lieu qu'en la parabole on prend la proportion des carrés, je prends en celle-ci celle des cubes (et c'est pour cela que M. de Beaugrand, à qui j'en fis la proposition, l'appelle la parabole solide). Or, j'ai démontré que cette figure est au triangle de même base et hauteur en proportion sesquilatère. Vous trouverez en la sondant qu'il m'a fallu suivre une autre voie que celle d'Archimède en la quadrature de la parabole, et que je n'y fusse pas venu par là. Puisque vous avez trouvé ma proposition du conoïde excellente, la voici plus générale :

(*Fig.* 34.) B est le sommet d'une parabole, B F un diamètre, et A D une perpendiculaire à ce diamètre. Si on fait tourner la parabole autour de AD, le volume décrit par le segment AECB sera au cône, qui a pour base EC, et pour hauteur AE, comme $5\ ED^2 + 2\ AE \cdot ED + DF \cdot AE$ est à $5ED^2$.

Pour la démonstration, outre les aides que j'ai tirés de ma méthode, je me suis servi de cylindres inscrits et circonscrits.

J'avais omis le principal usage de ma méthode, qui est pour l'invention des lieux plans et solides; elle m'a servi particulièrement à trouver ce lieu plan que j'avais auparavant trouvé si difficile. Si on mène, de certains points donnés à un point variable, des droites telles que la somme des carrés de leur longueur soit égale à une surface constante, le point variable sera sur une circonférence.

Proposition de Fermat relative à la parabole.

(*Fig.* 35.) On donne quatre points, N, D, X, R, par lesquels on veut faire passer une parabole. Supposons tracés les diamètres MA, CB, relatifs aux cordes NX, DR, ces diamètres couperont la parabole en deux points inconnus A, B, par lesquels on supposera menées deux tangentes SA, SB parallèles aux deux cordes. La droite SP, qui joint le point de concours S des deux tangentes avec le milieu de AB, sera un diamètre; mais, par une propriété des courbes du second degré, on aura la proportion $SA^2 : ON \cdot OX :: SB^2 : OR \cdot OD$.

Les conséquents de cette proportion sont connus; on aura donc le rapport de SA et SB, et l'angle de ces droites, qui est celui des deux cordes. On peut donc construire un triangle semblable à SAB, et, par suite, à SAP; mais l'angle $AMN = NIP = ASP$; on aura donc la direction de MA. Pour connaître le point A, on mènera la parallèle Dk à la tangente SA, et on fera la proportion $Xm^2 : Dk^2 :: mA : kA$, qui fera connaître le point A. Si on avait fait les constructions précédentes en prolongeant les cordes XR, ND, on aurait déterminé une seconde parabole.

4 Novembre 1636. — *De Fermat à Roberval.*

Problème. — Trouver la somme des quatrièmes puissances des termes de la progression naturelle, 1, 2, 3... x Si vous multipliez le quadruple du plus grand nombre augmenté de 2, par le carré du triangle des nombres, et si du produit vous retranchez la somme de leurs carrés, vous obtiendrez la somme quintuple de leurs quatrièmes puissances. (Si les nombres sont 1, 2, 3... x, la formule de Fermat sera :
$\Sigma x^4 = (4x-2)\left(\frac{x(x+1)}{2}\right)^2 - \Sigma x^2$). Il semble que Bachet, dans son traité des *Multangulis*, n'a pas voulu tâter ces questions après avoir fait celles des carrés et des cubes. Je serais bien aise que vous vous exerciez pour trouver la méthode générale, pour voir si nous nous rencontrerons. En tout cas, je vous offre tout ce que j'y ai fait, qui comprend tout ce qui se peut dire sur cette matière. Voici cependant une très-belle proposition, qui peut-être servira; au moins c'est par son moyen que j'en suis venu à bout. C'est une règle que j'ai trouvée pour donner la somme non-seulement des triangles, ce qui avait été fait par Bachet et les autres, mais encore des pyramides, des triangulo-triangulaires.... à l'infini. Voici la proposition :

Le dernier côté (de la suite 1, 2..., x) multiplié par ce côté plus 1 fait le double du triangle : $x(x+1)$. Le triangle, multiplié par son plus grand côté plus 1, fait le triple de la pyramide : $\frac{x(x+1)}{2}(x+2)$. La pyramide multipliée par le plus grand côté plus 1, fait le quadruple du triangulo-triangulaire : $\frac{x(x+1)(x+2)(x+3)}{1 \cdot 2 \cdot 3}$.

Lettre de Fermat à M. X. X.

Dans cette lettre, Fermat écrit qu'il a trouvé l'explication de la loi relative à la réfraction de la lumière par la théorie des Maximis; et il fait remarquer que Descartes, en arrivant à une vérité confirmée par l'expérience, fait usage, dans sa démonstration, de cette hypothèse peu probable, savoir : que la lumière emploie moins de temps à se mouvoir dans les milieux denses, que dans ceux qui sont plus rares. Fermat suppose, au contraire, que l'eau, par exemple, oppose plus de résistance à la marche de la lumière que l'air. En admettant que, dans ces milieux, la vitesse de la lumière est uniforme, les espaces parcourus dans l'unité de temps seront en raison inverse des résistances.

(*Fig.* 36.) Cela posé, supposons que A M est une horizontale qui sépare l'air et l'eau, et qu'un rayon lumineux, B F H va en ligne brisée de B en H; les points B et H sont pris sur ces rayons; de telle sorte, que B F = F H : ces deux droites se projettent sur l'horizontale, suivant les lignes $AF = a$, $MF = b$, et ces deux projections sont proportionnelles aux sinus des angles B F Z', Z F H, d'incidence et de réfraction. Admettons que, quelle que soit la direction du rayon brisé B F H, les sinus d'incidence et de réfraction soient toujours dans le rapport de a et b; Fermat suppose encore que a et b sont proportionnelles aux résistances de l'eau et de l'air. Ces hypothèses admises, il est facile de prouver que le rayon, pour aller de B en H, parcourt le chemin B F H dans un temps plus court que celui employé à parcourir le chemin infiniment voisin B O H. En effet, le mouvement, dans chaque milieu, étant uniforme, le temps employé à parcourir F H dans l'eau pourra être représenté par F H; par suite le temps employé à parcourir B F = F H dans l'air, sera $FI = \frac{b}{a} BF$, puisque ces temps doivent être, en raison inverse des résistances : le temps total du trajet sera donc $IF + FH$; mais si la lumière avait parcouru $B o H$, le temps sur $H o$ aurait été $H o$; et sur $B o$, il aurait été $g o = \frac{b}{a} B o$; reste à prouver que (1) $g o + o H > IF + FH$. On pourrait exprimer ces hypothénuses ou fractions d'hypothénuses qui forment les termes de l'inégalité au moyen des côtés de l'angle droit; mais alors on serait conduit à des sommes irrationnelles que Fermat évite de la manière la plus élégante. Désignons la distance très-petite $F o$ par 1, et prenons, à partir du point F sur la ligne F H, une distance $Fy = \frac{b\,\epsilon}{FH}$, il nous sera aisé de prouver que $Ho > Hy$ et que $go > IF + Fy$ Par suite l'inégalité (1), qui est la somme des deux dernières, sera satisfaite.

En effet, dans le triangle HoF, on a : $Ho^2 = HF^2 + \epsilon^2 - 2b.\epsilon$; or $Hy = HF - Fy = HF - \frac{b.\epsilon}{HF}$, élevant au carré :

$Hy^2 = \overline{HF}^2 + \frac{b^2\epsilon^2}{HF^2} - 2b\epsilon$. Mais, puisque $b < HF$, si on compare ces égalités membre à membre $Ho^2 > Hy^2$ ou $Ho > Hy$.

Dans le triangle BFo, on a : $\overline{Bo}^2 = \overline{BF}^2 + \epsilon^2 + 2a.\epsilon$, multipliant les deux membres par $\frac{b^2}{a^2}$, il résulte :

$go^2 = \frac{b^2}{a^2}BF^2 + \frac{b^2}{a^2}\epsilon^2 + 2\frac{b^2}{a}\epsilon$, mais $IF = \frac{b}{a}BF$ donc :

$IF + Fy = \frac{b}{a}BF + \frac{b.\epsilon}{BF}$, faisant le carré des deux membres,

$(IF + Fy)^2 = \frac{b^2}{a^2}BF^2 + \frac{2b^2}{a}\epsilon + \frac{b^2\epsilon^2}{BF^2}$, mais puisque $BF > a$, il résulte de la comparaison des termes de l'égalité que $go^2 > (IF + Fy)^2$.

Par conséquent $go + oH > IF + FH$, ce qu'il fallait démontrer. Si on avait placé le point o entre F et A, il aurait fallu porter sur BF, à partir du point F la quantité $\frac{b\,\epsilon}{FH}$.

Laplace, dans son calcul des probabilités, cite cette lettre de Fermat, et il fait remarquer l'habileté avec laquelle ce grand géomètre sait éviter la difficulté provenant des quantités radicales.

Lettre de Fermat à Roberval.

Monsieur,

Après vous avoir remercié de vos civilités, et protesté que je serai ravi d'avoir des occasions à vous plaire, je vous supplierai de me faire part de votre invention sur le sujet des tangentes des lignes courbes, et encore de vos spéculations mécaniques sur la percussion, puisque vous me faites espérer la communication de vos pensées en cette matière. Après cela, je vous dirai que M. Frénicle m'a donné depuis quelque temps l'envie de découvrir les mystères des nombres, en quoi il me semble qu'il est extrêmement versé. Je lui ai envoyé les belles propositions sur les progressions géométriques qui commencent à l'unité; lesquelles j'ai non-seulement trouvées, mais encore démontrées, bien que la démonstration en soit assez cachée; ce que je vous prie d'essayer, puisque vous les avez vues. Mais voici ce que j'ai découvert depuis sur le sujet de la proposition 12 du ve livre de Diophante; en quoi j'ai suppléé ce que Bachet avoue n'avoir su, et rétabli en même temps la corruption du texte de Diophante; ce qui serait trop long à vous déduire. Il suffit que vous voyiez ma proposition, et que je vous fasse plutôt souvenir que j'ai autrefois démontré qu'un nombre moindre de l'unité qu'un multiple du quaternaire (de la forme ($4n - 1$), n'est ni carré, ni composé de deux carrés, ni en entiers ni en fractions. J'en demeurai là pour lors, bien qu'il y ait beaucoup de nombres plus grands de l'unité qu'un multiple du quaternaire (de la forme $4\ 1 + 1$), qui pourtant ne sont ni carrés, ni composés de deux carrés, comme 21, 33, 77... Ce qui fait dire à Bachet, sur la division proposée de 21 en deux carrés; ce qui est impossible comme je pense (*reor*), parce que ce nombre n'est ni carré, ni par sa nature composé de deux carrés, où le mot (*reor*) marque évidemment qu'il n'a pas la démonstration de cette impossibilité, laquelle j'ai enfin trouvée et comprise dans la proposition suivante :

Si un nombre est divisé par le plus grand carré qui le mesure, et que le quotient se trouve mesuré (*divisible*) par un nombre premier moindre de l'unité qu'un multiple du quaternaire (de la forme $4n - 1$), le nombre donné n'est ni carré, ni composé de deux carrés, ni en entiers ni en fractions. Exemple : soit donné 84; le plus grand carré qui le mesure est 4, le quotient 21, lequel est mesuré par 3 ou bien par 7 moindres de l'unité qu'un multiple de 4, je dis que 84 n'est ni carré ni composé de deux carrés, ni en entiers, ni en fractions.

Soit donné 77; le plus grand carré qui le mesure est 1; le

quotient 77, qui est ici le même que le nombre donné, se trouve mesuré par 11 ou par 7, moindre de l'unité qu'un multiple du quaternaire, je dis que 77 n'est ni carré, ni composé de deux carrés ni en entiers ni en fractions.

Je vous avoue franchement que je n'ai rien trouvé en nombres qui m'ait tant plu que la démonstration de cette proposition, et je serai bien aise que vous fassiez effort de la trouver, quand ce ne serait que pour apprendre si j'estime plus mon invention qu'elle ne vaut. J'ai démontré ensuite cette proposition, qui sert à l'invention des nombres premiers :

Si un nombre est composé de deux carrés premiers entre eux, je dis qu'il ne peut être divisé par aucun nombre premier moindre de l'unité qu'un multiple de quaternaire; comme, par exemple, ajoutez l'unité, si vous voulez, à un carré pair, comme 10^{10}, je dis que $10^{10} + 1$ ne peut être divisé par aucun nombre premier moindre de l'unité qu'un multiple de 4. Et ainsi, lorsque vous voudrez éprouver s'il est nombre premier, il ne faudra point le diviser ni par 3, ni par 7, ni par 11, etc.

Si ne faut-il pas oublier tout-à-fait la géométrie; voici ce qu'on m'a proposé, et que j'ai trouvé aussitôt :

Par un point extérieur ou intérieur à une parabole, mener une droite qui forme un segment équivalent à une aire donnée; et si le point est intérieur, mener par ce point la corde qui sépare le plus petit segment.

Si vous ne rencontrez pas d'abord la construction, je vous ferai part de la mienne.

18 Octobre 1640. — *A M. X. X.*

Monsieur,

..... — Comme je ne suis pas capable de m'attribuer plus que je ne sais, je dis avec même franchise ce que je ne sais pas; que je n'ai pu encore démontrer l'exclusion de tous les diviseurs en cette belle proposition que je vous avais envoyée, et que vous m'avez confirmée touchant les nombres 3, 5, 17, 257, 6,553... (termes d'une série, dont le terme général est

($2^{2^m}+1$) ; car, bien que je réduise l'exclusion à la plupart des nombres, et que j'aie même des raisons probables pour le reste, je n'ai pu encore démontrer nécessairement la vérité de cette proposition... (Euler a fait voir qu'elle était inexacte).

..... Il me semble qu'il m'importe de vous dire le fondement sur lequel j'appuie les démonstrations de tout ce qui concerne les progressions géométriques, qui est tel :

Tout nombre premier mesure (divise) infailliblement une des puissances — 1 de quelque progression que ce soit, et l'exposant de ladite puissance est sous-multiple du nombre premier — 1, et après qu'on a trouvé la première puissance qui satisfait à la question, toutes celles dont les exposants sont multiples de l'exposant de la première satisfont de même à la question.

Exemple : soit la suite 3^1, 9^2, 27^3, 81^4, 243^5, 729^6..... Prenez par exemple le nombre premier 13, il mesure (divise) la troisième puissance — 1, dans laquelle 3 est sous-multiple de 12, qui est moindre de l'unité que 13 (13 divise $27^3 - 1$). Et parce que l'exposant 6 de 729 est multiple de 3, 13 divise aussi $729^6 - 1$; et cette proposition est généralement vraie en toutes progressions et en tous nombres premiers, de quoi je vous enverrais la démonstration si je n'appréhendais d'être trop long. Mais il n'est pas vrai que tout nombre premier mesure une puissance + 1 en toute sorte de progression. Car si la première puissance — 1, qui est mesurée par ledit nombre premier, a pour exposant un nombre impair, en ce cas il n'y a aucune puissance + 1 dans toute la progression qui soit mesurée par ledit nombre premier.

Exemple : Parce qu'en la progression double, 28 mesure la puissance 11me — 1 : ledit nombre 23 ne mesurera aucune puissance + 1 de la progression à l'infini.

Que si la première puissance — 1, qui est mesurée par le nombre premier donné, a pour exposant un nombre pair, en ce cas la puissance + 1, qui a pour exposant la moitié dudit premier exposant, sera mesurée par le nombre premier donné.

Toute la difficulté consiste à trouver les nombres premiers qui ne mesurent aucune puissance + 1 en une progression donnée, car cela sert, par exemple, à trouver que les deux nombres premiers mesurent les radicaux des nombres parfaits, et à mille autre choses; comme, par exemple, d'où vient que la 37me puissance — 1, en la progression double, est mesurée par 223? En un mot, il faut déterminer quels nombres premiers sont ceux qui mesurent leur première puissance — 1, et, en telle sorte, que l'exposant de ladite puissance soit un nombre impair; ce que j'estime fort mal aisé, en attendant un plus grand éclaircissement de votre part, et qu'il vous plaise défendre cet endroit de votre lettre où vous dites qu'après avoir trouvé que le diviseur doit être multiple + 1 de l'exposant, il y a aussi des règles pour trouver le quantième desdits multiples + 1 de l'exposant, doit être le diviseur. Voici une de mes propositions, que peut-être vous aurez aussi trouvée, que j'estime beaucoup, bien qu'elle ne découvre pas tout ce que je cherche, que sans doute j'achèverai d'apprendre de vous.

En la progression double, si d'un nombre carré, généralement parlant, vous ôtez 2, ou 8, ou 32, etc., les nombres premiers moindres de l'unité qu'un multiple du quaternaire, *qui mesureront le reste, feront l'effet requis. Comme de* 25, qui est un carré, ôtez 2, le reste, 23, mesurera la 11me puissance — 1; ôtez 2 de 49, le reste, 47, mesurera la 23e puissance — 1; ôtez 2 de 225, le reste, 223, mesurera la 37me puissance — 1.

En la progression triple, si d'un nombre carré; *ut suprà*, vous ôtez 3 ou 27 ou 243, etc.

Les nombres premiers et moindres de l'unité qu'un multiple du quaternaire qui mesureront le reste, feront l'effet requis, comme : ôtez 3 de 25, le reste 22 est mesuré par 11, qui est premier et moindre de l'unité qu'un multiple de 4; aussi 11 mesure la cinquième puissance — 1; ôtez 3 de 121, le reste, 118 est mesuré par 59, moindre de l'unité, etc.; aussi 59 mesure la 29me puissance — 1.

En la progression quadruple, il faut ôter 4 ou 64, etc., à l'infini; en toute progression procédant de même façon.

J'ajouterai encore cette petite proposition :

Si d'un carré vous ôtez 2, le reste ne peut être divisé par aucun nombre premier qui surpasse un carré de 2. Comme, prenez pour carré 10000, duquel ôtez 2, il reste 9998, je dis que ledit reste ne peut être divisé ni par 11, ni par 83, ni par 167, etc. Vous pouvez éprouver la même règle aux carrés impairs, et, si je voulais, je vous la rendrais belle et générale; mais je me contente de l'avoir indiquée seulement.

Avant que de finir, voici une autre proposition, laquelle vous fournira peut-être quelque application, comme vous y êtes très-heureux.

Si un nombre est mesuré par un autre, et que le nombre divisé soit encore divisé par un autre nombre moindre que le premier diviseur, en ce cas, si vous ôtez du quotient de la seconde division, multiplié par la différence des deux diviseurs, le reste de la seconde division, ce qui restera sera mesuré par le premier diviseur.

Exemple : 121 est mesuré par 11; divisez encore 121 par 7, le quotient sera 17, et le reste de la division, 2; multipliez le quotient 17 par 4, différence du premier et du second diviseur; et du produit 68 ôtez 2, le reste, 66, sera aussi mesuré par 11, premier diviseur.

Que si le second diviseur est plus grand que le premier, en ce cas, si vous ajoutez au quotient de la seconde division multiplié par la différence des deux diviseurs le reste de la seconde division, ce qui restera sera mesuré par le premier diviseur.

Exemple : 117 est mesuré par 3; divisez encore 117 par 4, le quotient sera 29, et le reste de ladite division, 1. Ajoutez au quotient 29 multiplié par la différence des diviseurs, qui ne change ici rien parce que c'est l'unité, le reste de ladite division, qui est 1; la somme 30 sera aussi mesurée par 3, premier diviseur.

J'ai déjà trop écrit, et il me semble qu'il est temps que vous parliez, après avoir employé si mal votre temps à lire cette longue lettre, qui vous confirmera que je suis, etc., etc.

(*Note.*) Fermat avait découvert les propositions suivantes relatives aux résidus quadratiques (*Opera varia*, Lettres, *Wallisii opera*, tome 2).

+ 2 est résidu quadratique de tout nombre qui n'est divisible ni par 4 ni par aucun nombre de la forme $8n + 3$ ou $8n + 5$, et non résidu de tous les autres, par exemple de tous ceux de la forme $8n + 3$, $8n + 5$, *tant* premiers que composés.

— 2 est résidu de tout nombre qui n'est divisible ni par 4, ni par aucun nombre premier de la forme $8n + 5$ ou $8n + 7$.

— 3 est résidu de tous les nombres qui ne sont divisibles ni par 8, ni par 9, ni par aucun nombre premier de la forme $6n + 5$ et non résidu de tous les autres.

+ 3 est résidu de tous les nombres qui ne sont divisibles ni par 4, ni par 9, ni par aucun nombre premier de la forme $12n + 5$ ou $12n + 7$ et non résidu de tous les autres.

Lettre de M. de Fermat à Mersenne.

Dans cette longue lettre, dont la date n'est pas indiquée, Fermat dit à Mersenne que les inventions numériques de Frénicle le ravissent; il désirerait connaître quelques-unes de ses méthodes. Fermat avoue que les siennes, quoique sûres, conduisent à de grands calculs. — Il écrit aussi à Mersenne que le livret de Des-Argues sur les coniques, où il s'est montré inventeur, lui a paru très-intelligible et très-ingénieux. Il ajoute qu'il réduisait bien le solide de la roulette à des solides plus simples, mais qu'il lui paraît impossible de le réduire à des sphères, des cônes, ou des cylindres.

Fermat écrit dans cette lettre qu'il a depuis longtemps trouvé des procédés pour former des carrés magiques de toutes les manières possibles; il a aussi formé des cubes magiques.

Il cite plusieurs exemples de carrés magiques, mais il ne démontre rien. — Par exemple, si on prend les nombres naturels 1, 2, 3... 36, il peut les ranger, dit-il, en carrés magiques, d'une douzaine de manières. En voici une :

6	32	3	34	35	1
7	11	27	28	8	30
19	14	16	15	23	24
18	20	22	21	17	13
25	29	10	9	26	12
36	5	33	4	2	31

La somme des colonnes verticales, horizontales et diagonales est toujours la même. Voici un second arrangement :

5	31	4	33	36	2
14	18	22	21	13	23
26	7	9	10	30	29
11	25	27	28	12	8
20	24	15	16	19	17
35	6	34	3	1	32

Fermat termine ainsi sa lettre :

En voilà assez pour donner de l'exercice à M. de Frénicle, car je ne sais guère rien de plus beau en l'arithmétique que les nombres que quelques-uns appellent *planetarios* et les autres *magicos*. Et de fait, j'ai vu plusieurs talismans où quelques-uns de ces carrés, rangés de la sorte, sont décrits, et, parmi plusieurs, un grand d'argent qui contient le 49 rangé selon la méthode de Bachet ; ce qui fait croire que personne n'a connu la générale ni le nombre de solutions qui peuvent arriver à chaque carré. Si la chose est sue à Paris, vous m'en éclaircirez ; en tout cas, je ne la dois qu'à moi seul.

Lettre de Fermat à Mersenne.

Mon révérend Père,

J'ai reçu avec grande satisfaction votre lettre, accompagnée de celle de M. Frénicle, qui me confirme en l'estime que je faisais de lui. J'y réponds succinctement, et, premièrement, sur ce qu'il a douté que j'eusse une méthode générale pour ranger tous les carrés pairs à l'infini, je vous prie de l'assurer du contraire ; car il est très-certain qu'il y a plus de dix ans que je la découvris, et en donnai dès lors des exemples sur des carrés plus hauts que ceux de Bachet, comme M. Despagnet vous pourrait témoigner. Il est vrai que je n'avais pas songé de déterminer exactement en combien de façons ces carrés pourraient être ordonnés, et j'avoue que je n'avais pas vu toutes les manières qui y conduisent, puisque je doutais même que le carré pût demeurer magique en levant une seule enceinte. Mais ayant trouvé une règle pour les ordonner en beaucoup de façons, je crus qu'elle les contenait toutes ; ce qui me semble excusable, puisque je vous envoyai ma lettre aussitôt après la première méditation que j'eus faite sur ce sujet. Depuis que j'ai reçu la dernière de M. Frénicle, j'ai aussitôt découvert la question du carré 22 ; en sorte qu'en levant trois enceintes, il reste magique, et du restant encore 2 et qu'il demeure magique, et puis une seule, du reste, à la même condition : je me contenterai pour ce coup de vous envoyer le carré qui reste après les trois premières et les deux secondes enceintes ôtées, duquel si vous levez une seule enceinte, le reste demeure magique, comme vous verrez.

127	126	125	361	362	363	364	365	366	118	117	116
347	148	338	339	145	143	342	142	344	345	139	138
325	161	169	168	318	319	320	321	163	162	324	160
292	293	191	190	299	298	297	186	185	184	302	193
270	280	272	273	211	210	209	208	278	279	205	215
248	227	250	251	230	232	231	233	256	257	258	237
226	249	228	229	252	254	253	255	234	235	236	259
204	214	206	207	277	276	275	274	212	213	271	281
182	192	301	003	189	188	187	296	295	294	183	303
171	315	323	223	164	165	166	167	317	316	170	314
149	346	147	146	340	341	144	343	141	140	337	336
369	359	360	124	123	122	121	120	109	367	368	358

Parce que le temps me manque, je diffère à vous envoyer les cinq enceintes qui manquent pour parfaire le carré entier de 22, jusqu'au départ du prochain courrier. Après cela vous devez croire que, dès j'aurai le loisir, j'irai aussi avant sur ce sujet qu'il est possible.

Pour ce qui est des cubes, je n'en sais pas plus que M. Frénicle ; pourtant, je puis les ranger tous, à la charge que les diagonales seules des carrés, que nous pouvons supposer parallèles à l'horizon, seront égales aux côtés des carrés ; ce qui n'est pas peu de chose. En attendant qu'une plus longue méditation découvre le reste, je dresserai celui de 8, 10, 12, à ces conditions, si M. Frénicle me l'ordonne. Pour les carrés qui ont des cellules vides, j'y travaillerai au plus tôt.

Ce que j'estime le plus est cet abrégé pour les nombres parfaits ; à quoi je suis résolu de m'attacher, si M. Frénicle ne me fait pas part de sa méthode. Voici trois propositions que j'ai trouvées, sur lesquelles j'espère de faire un grand bâtiment.

Les nombres moindres de l'unité que ceux qui procèdent de la progression double, comme 1, 3, 7, 15, 31, 63... soient appelés les nombres parfaits parce que toutes les fois qu'ils sont premiers ils les produisent ; mettez au-dessus de ces nombres autant en progression naturelle, 1, 2, 3... qui soient appelés leurs exposants.

La suite sera 1^1, 3^2, 7^3, 15^4, 31^5, 63^6, 127^7 255^8, 2047^{11}.

Cela posé, je dis : 1° que, lorsque l'exposant d'un nombre radical est composé, son radical est aussi composé ; comme parce que 6, exposant de 63, est composé, je dis que 63 est aussi composé ; 2° lorsque l'exposant est premier, je dis que son radical, moins l'unité, est mesuré par le double de l'exposant : comme parce que 7, exposant de 127, est nombre premier, je dis que 126 est multiple de 14 ; 3° lorsque l'exposant est nombre premier, je dis que son radical ne peut être mesuré par aucun nombre premier que par ceux qui sont plus grands que l'unité, qu'un multiple du double de l'exposant, ou que le double de l'exposant : comme parce que 11, exposant de 2047, est nombre premier, je dis qu'il ne peut être mesuré que par un nombre plus grand de l'unité que 22, comme 23, ou bien par un nombre plus grand de l'unité qu'un multiple de 22 ; en effet, 2047 n'est mesuré que par 23 et 89, duquel, si vous ôtez l'unité, reste 88, multiple de 22. Voilà trois fort belles propositions que j'ai trouvées et prouvées, non sans peine. Je les puis appeler les fondements de l'invention des nombres parfaits. Je ne doute pas que M. Frénicle ne soit allé plus avant ; mais je ne fais que commencer, et sans doute ces propositions passeront pour très-belles dans l'esprit de ceux qui n'ont pas beaucoup épluché ces matières, et je serai bien aise d'apprendre le sentiment de M. de Roberval.

Lettre de Fermat à M. de Carcavi, Conseiller au grand Conseil, à Paris.

Monsieur,

Vous m'obligez toujours, et je connais dans la continuation de vos soins celle de votre affection, de quoi je vous rends mille grâces. Pour la géométrie, je n'ose pas encore m'y attacher fortement depuis mon incommodité ; je n'aurai pourtant pas beaucoup de peine à trouver les deux de vos propositions : pour celle de la parabole, je ne l'ai pas examinée ni tentée ; je remets tout ceci à ma première commodité. Mais, de peur que vous ne m'accusiez de n'envoyer rien de mon invention, je vous envoie trois nombres parmi plusieurs autres que j'ai trouvés, dont les parties aliquotes font le multiple.

Le nombre suivant est sous-triple de ses parties aliquotes, 14942123276641920.

Celui-ci est sous-quadruple : 1802582780370364661760.

Et celui-ci aussi : 87934476737668055040.

Puisque je me trouve sur cette matière, en voici deux que j'ai choisis parmi mes sous-quintuples :

Le premier se produit des nombres suivants multipliés entre eux : 8388608 . 2801 . 2401 . 2197 . 2187 . 1331 . 467 . 307 . 289 . 241 . 125 . 61 . 41 . 31.

Et l'autre se produit des nombres suivants multipliés entre eux 134217728 . 243 . 169 . 127 . 125 . 113 . 61 . 43 . 31 . 29 . 19 . 11 . 7.

En voici encore un sous-double de ses parties de mon invention, lequel, multiplié par 3, fait un sous-triple : ledit nombre est : 51001180160.

C'est parmi quantité d'autres que j'ai trouvés que j'ai choisi par avance ceux-ci pour vous en faire part, afin que vous en puissiez juger par cet échantillon. J'ai trouvé la méthode générale pour trouver tous les possibles, de quoi je suis assuré que M. Roberval sera étonné, et le bon Père Mersenne aussi, car il n'y a certainement quoi que ce soit dans toutes les mathématiques plus difficile que ceci, et, hors M. Frénicle, et peut-être M. Descartes, je doute que personne en connaisse le secret, qui pourtant ne le sera pas pour vous, non plus que mille autres inventions dont je pourrai vous entretenir une autre fois, et pour exciter par mon exemple les savants du pays où vous êtes, je leur propose de trouver autant de triangles en nombres qu'on voudra, de même aire, ce que Diophante ni Viete n'ont trouvé que pour trois seulement.

Lettre de Fermat à M. de Carcavi.

Monsieur,

Je suis marri de la perte du paquet de M. de S. Martin. Je lui écrivais sur le sujet des nombres, et lui faisais part de quelques propositions, et surtout de la suivante que M. Frénicle m'avait autrefois proposée, et qu'il m'avoua tout net ne savoir point : trouver un triangle rectangle auquel le carré de la différence des deux moindres côtés surpasse le double du carré du plus petit côté d'un nombre carré. Je lui avouai aussi pour lors que je n'en savais pas la solution, et que je ne voyais pas même de voie pour y venir ; mais depuis je l'ai trouvée avec d'autres infinies. Voici le triangle 156, 1617, 1525. Il sert à la question suivante, pour laquelle M. Frénicle se mettait en peine de ce préalable : trouver un triangle rectangle dont le plus grand côté soit carré, et le plus petit diffère d'un carré de chacun des deux autres. Si vous jugez à propos de faire part de cette proposition à mondit sieur de Saint-Martin, je m'en remets à vous ; je ne resterai pas de lui écrire par la première voie.

J'ai donné à M. l'Archevêque un petit mémoire de corrections sur le *Theon Smyrnaeus*, que je crois qu'il enverra à l'auteur avec le manuscrit de l'astronomie. Je serai ravi que cette occasion me serve à être connu de M. Bulliaud, de qui le mérite étant connu à tout le monde, m'a été pleinement confirmé par ce nouveau travail sur le Theon, où j'ai particulièrement admiré la correction du décret de Timothée, qui ne pouvait être due qu'à une main de cette importance.

24 Août 1654. — *Lettre de Pascal à Fermat.*

Pascal, dans cette lettre relative au calcul des probabilités, rappelle succinctement la solution de Fermat sur le problème des partis. Il écrit à Fermat :

Voici comment vous procédez quand il y a deux joueurs.

Si deux joueurs, jouant en plusieurs parties, se trouvent en cet état, qu'il manque deux parties au premier et trois au second, pour trouver le parti il faut (dites-vous) voir en combien de parties le jeu sera décidé absolument : il est aisé de supputer que ce sera en quatre parties ; d'où vous concluez qu'il faut voir combien quatre parties se combinent entre deux joueurs, et voir combien il y de combinaisons pour faire gagner le premier et combien pour le second, et partager l'argent suivant cette proportion. J'eusse eu peine à entendre ce discours-là, si je ne l'eusse su de moi-même auparavant ; aussi vous l'aviez écrit dans cette pensée. Donc, pour voir combien quatre parties se combinent entre deux joueurs, il faut imaginer qu'ils jouent avec un dé à deux faces (puisqu'ils ne sont que deux joueurs) comme à croix et pile, et qu'ils jettent quatre de ces dez (parce qu'ils jouent en quatre parties) ; et maintenant il faut voir combien ces dés peuvent avoir d'assiettes différentes. Cela est aisé à supputer ; ils en peuvent avoir 16, qui est le carré de 4, Car, figurons-nous qu'une des faces est marquée a, favorable au premier, et l'autre b, favorable au second ; il est aisé d'écrire les seize assiettes ; et parce qu'il manque deux parties au premier joueur, toutes les faces qui ont deux *a* le font gagner, donc il en a onze pour lui, et parce qu'il manque trois parties au second, toutes les faces où il y a trois *b* le font gagner; donc il y en a 5.

Donc il faut qu'ils partagent la somme comme 11 à 5. Voilà votre méthode quand il y a deux joueurs, sur quoi vous dites que s'il y en a davantage il ne sera pas plus difficile de faire les partis par la même méthode.

(*Note.*) Pascal et Roberval firent des objections contre la généralité de la méthode de Fermat; mais après l'avoir mieux examinée, Pascal lui écrit le 27 octobre 1654 :

Votre dernière lettre m'a parfaitement satisfait; j'admire votre méthode pour les partis, d'autant mieux que je l'entends fort bien; elle est entièrement vôtre, n'a rien de commun avec la mienne, et arrive au même but facilement. — Voilà notre intelligence rétablie. Mais, Monsieur, si j'ai concouru avec vous en cela, cherchez ailleurs qui vous suive dans vos inventions numériques, cela me passe de bien loin, et ne suis capable que de les admirer.

29 Août 1654. — *Lettre de Fermat à Pascal.*

Monsieur,

Nos coups fourrés continuent toujours, et je suis aussi-bien que vous dans l'admiration de quoi nos pensées s'ajustent si exactement, qu'il semble qu'elles aient pris une même route et fait un même chemin : vos derniers traités du *Triangle arithmétique* et de *son application*, en sont une preuve authentique; et si mon calcul ne me trompe, votre onzième conséquence courait la poste de Paris à Toulouse, pendant que ma proposition des nombres figurés, qui en effet est la même, allait de Toulouse à Paris. Je n'ai garde de faillir, tandis que je rencontrerai de cette sorte; et je suis persuadé que le vrai moyen pour s'empêcher de faillir, est celui de concourir avec vous. Mais si j'en disais davantage, la chose tiendrait du compliment, et nous avons banni cet ennemi des conversations douces et aisées.

Ce serait maintenant à mon tour à vous débiter quelqu'une de mes inventions numériques; mais la fin du parlement augmente mes occupations, et j'ose espérer de votre bonté que vous m'accorderez un répit juste et quasi nécessaire. Cependant je répondrai à votre question des trois joueurs qui jouent en deux parties. Lorsque le premier en a une, et que les autres n'en ont pas une, votre première solution est la vraie, et la division de l'argent doit se faire en dix-sept, cinq et cinq; de quoi la raison est manifeste et se prend toujours du même principe, les combinaisons faisant voir d'abord que le premier a pour lui dix-sept hasards égaux, lorsque chacun des autres n'en a que cinq.

25 Septembre. — *Lettre de Fermat à Pascal.*

Monsieur,

N'appréhendez pas que notre convenance se démente, vous l'avez confirmée vous-même en pensant la détruire, et il me semble qu'en répondant à M. de Roberval pour vous, vous avez aussi répondu pour moi. Je prends l'exemple des trois joueurs, au premier desquels il manque une partie, et à chacun des deux autres deux, qui est le cas que vous m'opposez. Je n'y trouve que dix-sept combinaisons pour le premier, et cinq pour chacun des deux autres; car quand vous dites que la combinaison ACC, est bonne pour le premier et pour le troisième, il semble que vous ne vous souveniez plus que tout ce qui se fait après que l'un des joueurs a gagné, ne sert plus de rien. Or, cette combinaison ayant fait gagner le premier dès la première partie, qu'importe que le troisième en gagne deux ensuite, puisque, quand il en gagnerait trente, tout cela serait superflu? Ce qui vient de ce que, comme vous avez très-bien remarqué, cette fiction d'étendre le jeu à un certain nombre de parties, ne sert qu'à faciliter la règle, et (suivant mon sentiment) à rendre tous les hasards égaux, ou bien, plus intelligiblement, à réduire toutes les fractions à une même dénomination. Et afin que vous n'en doutiez plus, si au lieu de trois parties vous étendez, au cas proposé, la feinte jusqu'à quatre; il y aura non-seulement 27 combinaisons, mais 81, et il faudra voir combien de combinaisons feront gagner au premier une partie plutôt que deux à chacun des autres, et combien feront gagner à chacun des deux autres deux parties plutôt qu'une au premier. Vous trouverez que les combinaisons pour le gain du premier, seront 51, et celles de chacun des autres deux 15. Ce qui revient à la même raison, que si vous prenez 5 parties ou tel autre nombre qu'il vous plaira, vous trouverez toujours 3 nombres en proportion de 17, 5, 5, et ainsi j'ai droit de dire que la combinaison ACC n'est que pour le premier et non pour le troisième, et que CCA n'est que pour le troisième et non pour le premier, et que partant, ma règle des combinaisons est la même en 3 joueurs qu'en deux, et généralement en tous nombres.

Vous aviez déjà pu voir par ma précédente que je n'hésitais point à la solution véritable de la question des 3 joueurs dont je vous avais envoyé les trois nombres décisifs 17, 5, 5. Mais parce que M. Roberval sera peut-être bien aise de voir une solution sans rien feindre, et qu'elle peut quelquefois produire des abrégés en beaucoup de cas, la voici en l'exemple proposé.

Le premier peut gagner, ou en une seule partie, ou en deux, ou en trois.

S'il gagne en une seule partie, il faut qu'avec un dé qui a trois faces il rencontre la favorable du coup. Un seul dé produit 3 hasards; ce joueur a donc pour lui $\frac{1}{3}$ des hasards, lorsqu'on ne joue qu'une partie.

Si on en joue deux, il peut gagner de deux façons, ou lorsque le second joueur gagne la première et lui la seconde, ou lorsque le troisième gagne la première et lui la seconde. Or, deux dés produisent 9 hasards : ce joueur a donc pour lui $\frac{2}{9}$ des hasards lorsqu'on joue deux parties.

Si on en joue trois, il ne peut gagner que de deux façons, ou lorsque le second gagne la première, le troisième la seconde et lui la troisième, ou lorsque le troisième gagne la première, le second la seconde, et lui la troisième; car, si le second ou le troisième joueur gagnait les deux premières, il gagnerait le jeu, et non pas le premier joueur. Or, trois dés ont 27 hasards; donc ce premier joueur a $\frac{2}{27}$ de hasards lorsqu'on joue trois parties.

La somme des hasards qui font gagner ce premier joueur, est par conséquent $\frac{1}{3}$, $\frac{2}{9}$ et $\frac{2}{27}$ ce qui fait en tout $\frac{17}{27}$.

Et la règle est bonne et générale en tous les cas; de sorte que, sans recourir à la feinte, les combinaisons véritables en chaque nombre des parties portent leur solution, et font voir ce que j'ai dit au commencement, que l'extension à un certain nombre de parties n'est autre chose que la réduction de diverses fractions à une meme dénomination. Voilà en peu de mots tout le mystère, qui nous remettra sans doute en bonne intelligence, puisque nous ne cherchons l'un et l'autre que la raison et la vérité.

J'espère vous envoyer à la Saint-Martin un abrégé de tout ce que j'ai inventé de considérable aux nombres. Vous me permettrez d'être concis, et de me faire entendre seulement à un homme qui comprend tout à demi-mot.

Ce que vous y trouverez de plus important regarde la proposition que tout nombre est composé d'un, de deux, ou de trois triangles; d'un, de deux, de trois ou de quatre carrés; d'un, de deux, de trois, de quatre ou de cinq pentagones; d'un, de deux, de trois, de quatre, de cinq ou de six hexagones, et à l'infini. Pour y parvenir, il faut démontrer que tout nombre premier qui surpasse de l'unité un multiple de quatre, est composé de deux carrés, comme 5, 13, 17, 29, 37, etc.

Etant donné un nombre premier de cette nature, comme 53, trouver par règle générale les deux carrés qui le composent.

Tout nombre premier qui surpasse de l'unité un multiple de 3, est composé d'un carré et du triple d'un autre carré, comme 7, 13, 19, 31, 37, etc.

Tout nombre premier qui surpasse d'un ou de trois un multiple de huit, est composé d'un carré et du double d'un autre carré, comme 11, 17, 19, 41, 43, etc.

Il n'y a aucun triangle en nombres, duquel l'aire soit égale à un nombre carré.

Cela sera suivi de l'invention de beaucoup de propositions que Bachet avoue avoir ignorées, et qui manquent dans le Diophante.

Je suis persuadé que dès que vous aurez connu ma façon de démontrer en cette nature de propositions, elle vous paraîtra belle, et vous donnera lieu de faire beaucoup de nouvelles découvertes; car il faut, comme vous savez, que *multi pertranseant ut augeatur scientia*.

S'il me reste du temps, nous parlerons ensuite des nombres magiques, et je rappellerai mes vieilles espèces sur ce sujet. Je suis, de tout mon cœur, Monsieur, votre, etc. FERMAT.

Je souhaite la santé de M. de Carcavi comme la mienne, et suis tout à lui.

Je vous écris de la campagne, et c'est ce qui retardera par aventure mes réponses pendant ces vacations.

Lettre de Fermat à Pascal.

Monsieur,

Si j'entreprends de faire un point avec un seul dé en huit coups; si nous convenons, après que l'argent est dans le jeu, que je ne jouerai pas le premier coup, il faut, par mon principe, que je tire du jeu un sixième du total pour être désintéressé, à raison dudit premier coup. Que si encore nous convenons après cela que je ne jouerai pas le second coup, je dois, pour mon indemnité, tirer le sixième du restant. qui est $\frac{5}{36}$ du total, et si après cela nous convenons que je ne jouerai pas le troisième coup, je dois, pour mon indemnité, tirer le sixième du restant, qui est $\frac{25}{216}$ du total. Et si après cela nous convenons encore que je ne jouerai pas le quatrième coup, je dois tirer le sixième du restant, qui est $\frac{125}{1296}$ du total. Et je conviens avec vous que c'est la valeur du quatrième coup, supposé qu'on ait déjà traité des précédents. Mais vous me proposez dans l'exemple dernier de votre lettre (je mets vos propres termes) que si j'entreprends de trouver le six en huit coups et que j'en aie joué trois sans le rencontrer; si mon joueur me propose de ne point jouer mon quatrième coup, et qu'il veuille me désintéresser, à cause que je pourrais le rencontrer, il m'appartiendra $\frac{125}{1290}$ de la somme entière de nos mises; ce qui pourtant n'est pas vrai, suivant mon principe, car, en ce cas, les trois premiers coups n'ayant rien acquis à celui qui tient le dé, la somme totale restant dans le jeu, celui qui tient le dé et qui convient de ne pas jouer son quatrième coup, doit prendre pour son indemnité un sixième du total; et s'il avait joué quatre coups sans trouver le point cherché, et qu'on convint qu'il ne jouerait pas le cinquième, il aurait de même pour son indemnité un sixième du total; car la somme entière restant dans le jeu, il ne suit pas seulement du principe, mais il est même du sens naturel que chaque coup doit donner un égal avantage. Je vous prie donc que je sache si nous sommes conformes au principe, ainsi que je crois, ou si nous différons seulement en l'application. Je suis, de tout mon cœur, etc. FERMAT.

9 Août 1659. — *Lettre de Fermat à M. de Carcavi.*

Monsieur,

J'ai été ravi d'avoir eu des sentiments conformes à ceux de M. Pascal; car j'estime infiniment son génie, et je le crois très-capable de venir à bout de tout ce qu'il entreprendra. L'amitié qu'il m'offre m'est si chère et si considérable, que je crois ne point devoir faire difficulté d'en faire quelque usage en l'impression de mes traités. Si cela ne vous choquait point, vous pourriez tous deux procurer cette impression, de laquelle je consens que vous soyez les maîtres; vous pourriez éclaircir ou augmenter ce qui semble trop concis, et me décharger d'un soin que mes occupations m'empêchent de prendre : je désire même que cet Ouvrage paraisse sans mon nom, vous remettant, à cela près, le choix de toutes les désignations qui pourront marquer le nom de l'auteur que vous qualifierez votre ami. Voici le biais que j'ai imaginé pour la seconde partie, qui contiendra mes inventions pour les nombres : c'est un travail qui n'est encore qu'une idée, et que je n'aurais pas le loisir de coucher au long sur le papier; mais j'enverrai succinctement à M. Pascal tous mes principes et mes premières démonstrations; de quoi je vous réponds à l'avance qu'il tirera des choses non-seulement nouvelles et jusqu'ici inconnues, mais encore surprenantes. Si vous joignez votre travail avec le sien, tout pourra succéder et s'achever en peu de temps, et cependant on pourra mettre au jour la première partie que vous avez en votre pouvoir. Si M. Pascal goûte mon ouverture, qui est principalement fondée sur la grande estime que je fais de son génie, de son savoir et de son esprit, je commencerai d'abord à vous faire part de mes inventions numériques.

Adieu, je suis, monsieur, etc. FERMAT.

25 Juillet 1660. — *Lettre de Fermat à Pascal.*

Monsieur,

Dès que j'ai su que nous sommes plus proches l'un de l'autre que nous n'étions auparavant, je n'ai pu résister à un dessein d'amitié dont j'ai prié M. de Carcavi d'être le médiateur : en un mot, je prétends vous embrasser et converser quelques jours avec vous; mais parce que ma santé n'est guère plus forte que la vôtre, j'ose espérer qu'en cette considération vous me ferez la grâce de la moitié du chemin, et vous m'obligerez de me marquer un lieu entre Clermont et Toulouse, où je ne manquerai pas de me rendre vers la fin de septembre ou le commencement d'octobre. Si vous ne prenez pas ce parti, vous courrez hasard de me voir chez vous, et d'y avoir deux malades en même temps. J'attends de vos nouvelles avec impatience, et suis de tout mon cœur, tout à vous. FERMAT.

16 Février 1659. — *Lettre de Fermat à M.* ***.

Monsieur mon cher maître,

Je suis embarrassé en affaires non géométriques ; je vous envoie pourtant un petit écrit que le père Lalouvère m'a fait porter ce matin. J'ai reçu le Traité de M. Pascal depuis deux jours, et n'ai pu m'appliquer encore sérieusement à le lire ; j'en ai pourtant conçu une grande opinion, aussi-bien que tout ce qui part de cet illustre. Je suis tout à vous. FERMAT.

Problème de géométrie proposé par Pascal.

Fermat donne la solution d'un problème que Pascal lui a proposé, dont voici l'énoncé : On donne la base d'un triangle, l'angle opposé, et le rapport de la différence des côtés qui comprennent cet angle à la hauteur : construire le triangle.

Fermat propose les problèmes suivants :

Mener une tangente en un point de l'hélice de Baliani : M. Roberval connaît cette hélice. Nous attendons des érudits la solution de ce problème, ou, s'ils le préfèrent, nous la donnerons, et de plus une méthode générale sur le contact des courbes.

Mais pour que la question du triangle ne paraisse pas être restée stérile en nos mains, nous proposerons les questions suivantes :

On donne la base, l'angle au sommet, et la somme de la hauteur et de la différence des côtés qui comprennent l'angle : construire le triangle.

On donne la base, l'angle au sommet et le rectangle formé avec la différence des côtés qui comprennent l'angle et la hauteur : construire le triangle.

On donne la base, l'angle au sommet, et la somme des carrés de la hauteur et de la différence des côtés : trouver le triangle.

Et plusieurs autres semblables dont la solution est plus aisée pour les savants que celle de la tangente à l'hélice de Baliani. Il faut remarquer que dans les questions relatives au triangle on ne doit pas faire usage de solides lorsqu'elles peuvent être traitées au moyen des plans.

Problèmes proposés par Fermat.

On propose à Wallis et aux autres mathématiciens de l'Angleterre la question suivante :

Trouver un cube qui, ajouté à toutes ses parties aliquotes, fasse un carré ; par exemple, 343 est le cube de 7 ; toutes ses parties aliquotes sont 1, 7, 49, qui ajoutées à 343 font 400, carré de 20.

On cherche un autre cube de même nature.

On cherche aussi un nombre carré qui, ajouté à toutes ses parties aliquotes, fasse un cube.

J'attends ces solutions : si l'Angleterre ou la Gaule Belge ou Celtique ne les donnent pas, la Gaule Narbonnaise les donnera et les offrira et les dédiera au chevalier Digby, comme un hommage d'une amitié récente.

20 Avril 1657. — *Lettre de Fermat à M. le chevalier Kenelme Digby.*

Dans cette lettre, Fermat écrit à Digby qu'il a carré, depuis longues années, les hyperboles et les paraboles dont Wallis s'est occupé. — Dans la recherche des centres de gravité des segments de ces figures, il arrive des singularités que Fermat signale : « Il arrive une chose merveilleuse en cette recherche et laquelle j'ai découverte et démontrée, c'est que quelquefois ledit espace (celui compris entre une branche de l'hyperbole asymptotique à l'axe des x et l'axe des x) quoique fini, n'a pas de centre de gravité fixe (à une distance finie) et quelquefois il en a. Car si, par exemple, l'hyperbole est $y\ x^2 = m^3$, l'aire est finie et le centre de gravité à l'infini, ce qui n'arrive pas pour l'hyperbole $y\ x^3 = m^4$. Si M. Wallis veut avoir la démonstration de cette proposition et de la règle générale pour trouver lesdits centres de gravité, je vous l'enverrai pour lui en faire part. »

Problème proposé par Fermat.

A peine y a-t-il quelqu'un qui propose ou qui comprenne les questions purement arithmétiques ; n'est-ce pas que l'arithmétique fut d'abord traitée géométriquement plutôt qu'arithmétiquement ? c'est assurément ce qu'indiquent plusieurs ouvrages des anciens et des modernes. Diophante lui-même le fait supposer, bien qu'il se soit écarté un peu plus que les autres de la géométrie, puisqu'il restreint l'art analytique aux seuls nombres rationnels. Les zététiques de Viete prouvent assez que cette branche est susceptible de considérations géométriques ; dans ces zététiques la méthode de Diophante est étendue à la quantité continue et par cela même à la géométrie. C'est pourquoi l'arithmétique réclame comme son patrimoine particulier la doctrine des nombres entiers ; ébauchée légèrement dans les éléments d'Euclide, elle n'a pas été assez cultivée par ceux qui l'ont suivi, à moins qu'elle ne fût consignée dans ces livres de Diophante que l'injure des temps nous a enlevés. Que les jeunes gens s'appliquent à étendre son domaine ou à la renouveler. Pour leur fournir une lumière anticipée, nous proposons le problème suivant à démontrer ou à construire ; s'ils le trouvent, ils avoueront que les questions de cette nature ne sont inférieures ni pour la subtilité, ni pour la difficulté, ni pour le mode de démonstration, aux plus célèbres de la géométrie.

Etant donné un nombre quelconque non carré, on peut donner une infinité de nombres carrés qui, multipliés par ce nombre donné et ajoutant au produit l'unité, fassent un carré. Exemple : on donne le nombre non carré 3 ; ce nombre multiplié par 16, une unité étant ajoutée donne 49, qui est carré ; au lieu de 3 et de 16, on peut trouver une infinité de nombres qui aient la même propriété. Nous demandons la règle générale pour un nombre donné quelconque non carré. Qu'on cherche, par exemple, le carré qui, multiplié par 149 ou 109 ou 433, et ajoutant 1 au produit, fasse un carré.

20 Juin 1657. — *Lettre de Fermat à M. Kenelme Digby.*

Monsieur,

J'ai reçu votre lettre à la veille du départ de M. Borel, qui ne me donne quasi pas de loisir de vous faire un mot de réponse. Vos deux lettres anglaises m'ont été traduites par un jeune anglais qui est en cette ville et qui n'a point connaissance de ces matières, de sorte que sa traduction s'est trouvée si peu intelligible, que je n'y ai pu découvrir aucun sens réglé : et ainsi je ne puis vous résoudre si ce mylord a satisfait à mes questions ou non. Il me semble pourtant au travers de l'obscurité de cette traduction bourrue, que l'auteur des lettres a trouvé mes questions un peu trop aisées, ce qui me fait croire qu'il ne les a pas résolues, et parce qu'il pourrait équivoquer sur le sens de ces propositions, j'ai demandé un cube en nombres entiers, lequel ajouté à ses parties aliquotes fasse un carré. J'ai donné, par exemple, 343 qui est cube et aussi nombre entier, lequel ajouté à toutes ses parties aliquotes fait 400 qui est un nombre carré, et parce que cette question reçoit plusieurs autres solutions, je demande un autre nombre cube en entier qui, joint à toutes les parties aliquotes, fasse un carré, et si le mylord Brouncker répond qu'en entier il n'y a que le seul nombre 343 qui satisfasse à la question, je vous promets et à lui aussi, de le désabuser en lui en exhibant un autre. Je demandais encore un carré en entier qui, joint à toutes ses parties aliquotes, fasse un cube. Pour la question proposée dans l'écrit latin que je vous envoyai, elle est aussi en nombres entiers, et partant les résolutions en fractions (lesquelles peuvent être fournies *à quolibet de trivio arithmetico*) ne me satisferaient pas.

Du 15 Août 1657. — *De Fermat à Digby.*

Dans cette lettre, Fermat revient sur la détermination des centres de gravité des segments d'hyperbole d'une longueur infinie quoique d'une aire limitée ; il demande que Wallis lui donne la règle générale, pour distinguer le cas où le centre de gravité est déterminable et celui où il ne l'est pas.

Fermat propose aussi de diviser un nombre composé de deux cubes, tels que 28 qui est égal à 1, plus 27, en deux autres cubes rationnels ; c'est une question qu'il traite dans les notes de Diophante.

Enfin, Fermat propose aux Anglais les deux questions suivantes :

Il n'y a qu'un seul carré en entier qui joint au binaire (à 2) fasse un cube et que ledit carré est 25, auquel si vous ajoutez 2, il se fait 27 qui est un cube.

Mais je dis aussi, que si on cherche un carré qui, ajouté à 4, fasse un cube, il ne s'en trouvera jamais que deux en nombres entiers, savoir : 4 et 121, car 4 ajouté à 4 fait 8 qui est cube, et 121 ajouté à 4 fait 125 qui est aussi cube, mais après cela toute l'infinité des nombres n'en saurait fournir un troisième qui ait la même propriété.

Je ne sais ce que diront vos Anglais de ces propositions négatives et s'ils les trouveront trop hardies.

Ici nous terminons notre extrait, qui nous paraît renfermer tout ce qui dans les lettres de Fermat peut réellement intéresser les géomètres. Pour donner au lecteur une idée de l'estime dont il jouissait auprès des hommes les plus illustres de son temps, nous transcrivons quelques lignes d'une lettre de Pascal, en réponse à l'invitation que lui faisait Fermat de venir à Toulouse.

« Si j'étais en santé, je serais volé à Tolose, et je n'aurais pas souffert qu'un homme comme vous fît un pas pour un homme comme moi. Je vous dirai aussi que quoique vous soyez celui de toute l'Europe que je tiens pour le plus grand géomètre, ce ne serait pas cette qualité qui m'aurait attiré... Voilà, Monsieur, l'état de ma vie présente, dont je suis obligé de vous rendre compte, pour vous assurer de l'impossibilité où je suis de recevoir l'honneur que vous daignez m'offrir, et que je souhaite de tout mon cœur de pouvoir un jour reconnaître ou en vous ou en messieurs vos enfants, auxquels je suis tout dévoué, ayant une vénération particulière pour ceux qui portent le nom du premier homme du monde. »

TOULOUSE, Imprimerie de Jean-Matthieu DOULADOURE.

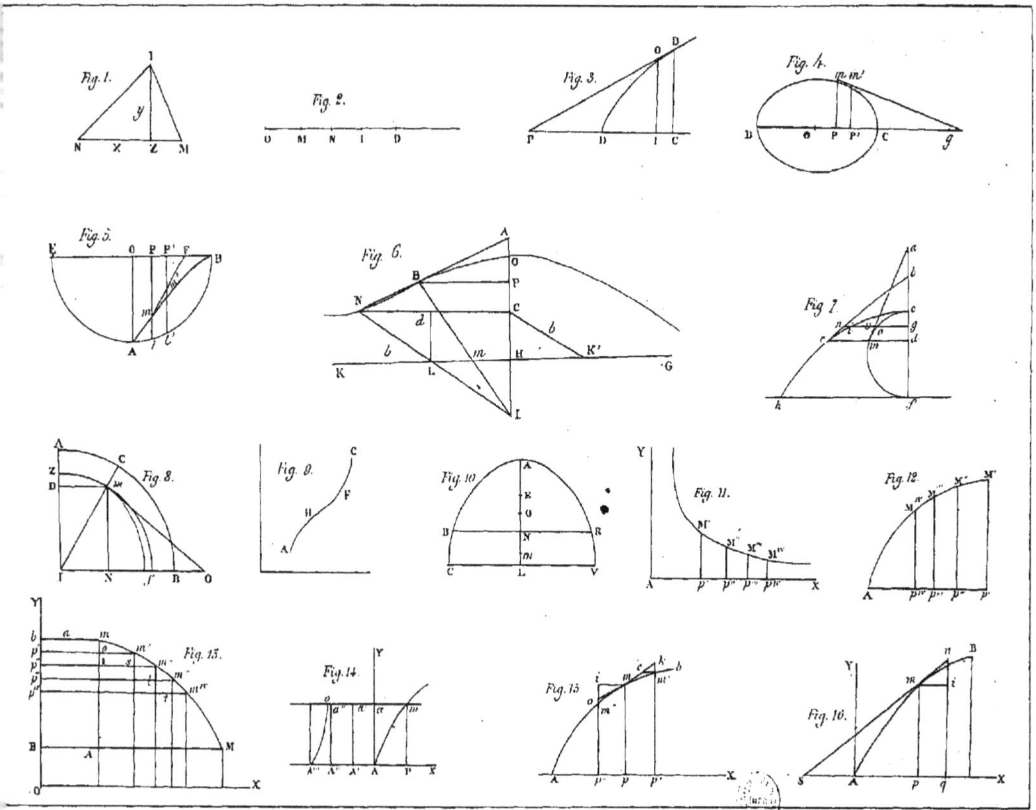
Fig. 1.
Fig. 2.
Fig. 3.
Fig. 4.
Fig. 5.
Fig. 6.
Fig. 7.
Fig. 8.
Fig. 9.
Fig. 10.
Fig. 11.
Fig. 12.
Fig. 13.
Fig. 14.
Fig. 15.
Fig. 16.

Litho. Delor

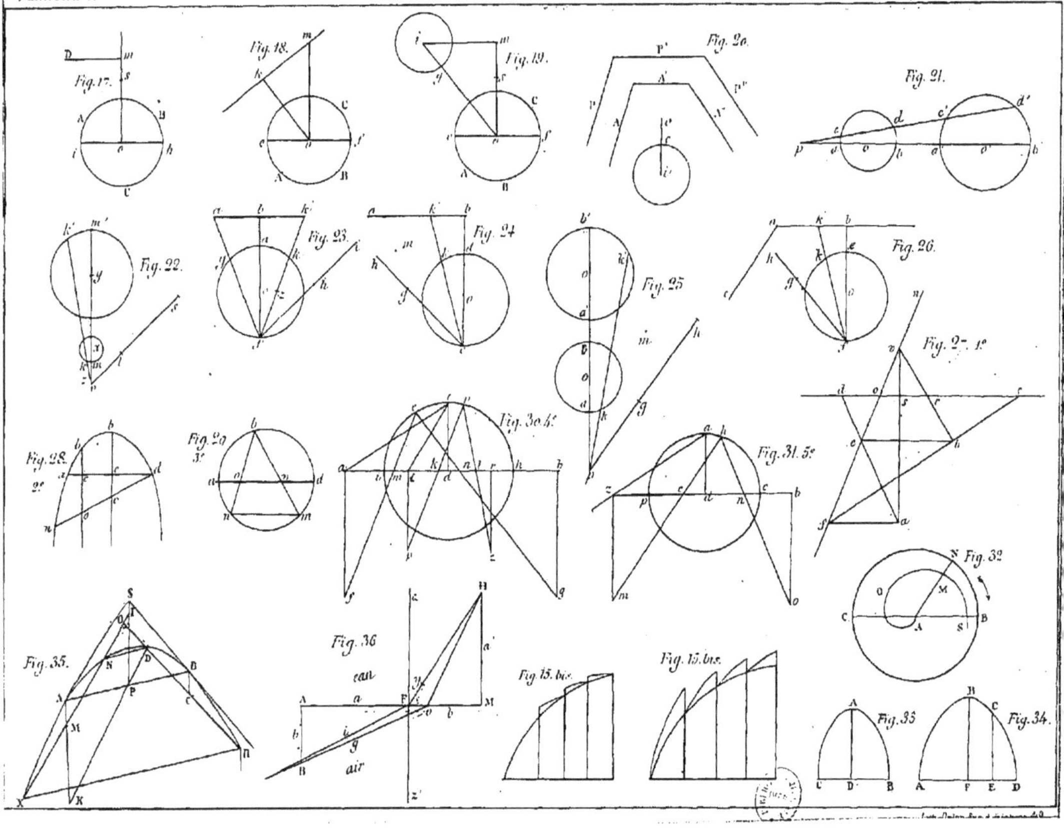
Fig. 17.
Fig. 18.
Fig. 19.
Fig. 20.
Fig. 21.
Fig. 22.
Fig. 23.
Fig. 24
Fig. 25
Fig. 26.
Fig. 27. 1°
Fig. 28. 2°
Fig. 29 3°
Fig. 30 4°
Fig. 31. 5°
Fig. 32
Fig. 33
Fig. 34.
Fig. 35.
Fig. 36
eau
air
Fig. 15. bis.
Fig. 15. bis.

www.ingramcontent.com/pod-product-compliance
Lightning Source LLC
Chambersburg PA
CBHW050123210326
41519CB00015BA/4077
* 9 7 8 2 0 1 2 6 2 0 4 7 6 *